爱课程（中国大学 MOOC）
"商务办公软件应用"课程配套教材

高等职业教育经管专业基础课
我爱 MOOC 系列新形态一体化教材

商务办公软件应用

主　编　乔　哲

副主编　戎　钰　蔺子雨

梁海建　白子良

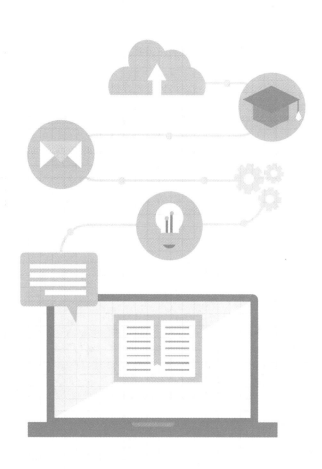

高等教育出版社·北京

内容提要

本书是高等职业教育经管专业基础课我爱MOOC系列新形态一体化教材。

本书面向财经商贸类专业学生将来所从事的营销策划、电商运营、业务推广、客户服务等就业岗位，选取职业岗位常见的商务办公文档处理、数据处理、演示文稿制作、图像处理、音视频处理等日常办公软件应用工作，并分解为制作销售计划书、制作宣传册、制作销售数据统计表、制作销售数据统计图、制作销售报告演示文稿、制作产品介绍演示文稿、网络商品图片修图处理、制作商业海报、商务活动音频处理、制作产品宣传视频10个典型工作任务，通过Word、Excel、PowerPoint、Photoshop、Audition、Camtasia等常用商务办公工具软件开展任务操作，让学习者熟练掌握商务办公软件应用。

本书既可作为财经商贸类专业的专业基础课或专业拓展课教材，又可作为相关从业人员获取商务办公软件应用技能的读物。

与本书配套的数字化教学资源（如微课、情景剧、视频、案例等）由"商务办公软件应用"在线开放课程建设团队完成，该课程已在爱课程（中国大学MOOC）和智慧职教MOOC学院等平台上线，累计开课6次，累计选课人数超过5万人，应用效果较好。本书所需素材资源及其他数字资源的获取方式详见书后"郑重声明"页的资源服务提示。

图书在版编目（CIP）数据

商务办公软件应用 / 乔哲主编. -- 北京 : 高等教育出版社, 2021.5
　ISBN 978-7-04-055596-7

　Ⅰ. ①商… Ⅱ. ①乔… Ⅲ. ①办公自动化−应用软件
Ⅳ. ①TP317.1

中国版本图书馆CIP数据核字(2021)第027108号

商务办公软件应用
SHANGWU BANGONG RUANJIAN YINGYONG

| 策划编辑 | 王　沛 | 责任编辑 | 王　沛 | 封面设计 | 王　洋 | 版式设计 | 王　洋 |
| 插图绘制 | 于　博 | 责任校对 | 胡美萍 | 责任印制 | 田　甜 | | |

出版发行	高等教育出版社	网　址	http://www.hep.edu.cn
社　址	北京市西城区德外大街4号		http://www.hep.com.cn
邮政编码	100120	网上订购	http://www.hepmall.com.cn
印　刷	北京鑫海金澳胶印有限公司		http://www.hepmall.com
开　本	787mm×1092mm 1/16		http://www.hepmall.cn
印　张	19.5		
字　数	330千字	版　次	2021年5月第1版
购书热线	010-58581118	印　次	2021年5月第1次印刷
咨询电话	400-810-0598	定　价	49.80元

前　言

在日常工作与学习中，无论是商务演示，还是策划分析，现代化办公都离不开商务办公软件的鼎力相助。本书针对"职场小白"所常用的商务办公软件，设计了十项典型工作任务，让大家跟随本书及配套资源学习，循序渐进地成为商务办公的能手，为未来职场锦上添花。

本书具有以下鲜明特色：

1. 创新教材及课程内容开发，实现了新形态一体化教材与在线开放课程的互动

本书内容反映商务办公软件领域的新知识、新技能，配套"商务办公软件应用"在线开放课程，与本书形成"互联网+"式互动。在线开放课程建设了"职场小白成长记"情景剧模块、出镜讲解的"跟我学"知识模块、录屏实操的"跟我练"技能模块、"拓展技能训练"模块，这些模块与教材形成了有效的互动，增强了学习效果。

2. 多种提示板块明晰学习要点，拓展资源空间

本书设有"神灯宝藏""神灯秘籍""左右互搏""好学殿堂""悟一悟""练一练""扫一扫"等多个小栏目，用以展示拓展学习资源、常用技巧妙招、操作快捷键，并向学有余力者提供其需要的进阶内容等。

3. 基于情景教学和任务驱动教学设置内容

本书采用情景教学，通过问题导向讲解知识要点，以生动有趣的职场情景剧形式，将职场"小白"在日常办公中会遇到的常见问题一一展示，通过隔空对话，导入相关任务，引导学习者熟练掌握商务办公软件，提高学习兴趣。同时采用任务驱动教学模式，通过典型任务演练操作技能。将10个典型工作任务通过"任务导图""操作步骤"模块讲授各项工作技能要点，实现"做中学、学中做"。

4. 突出技能训练，支撑混合式教学模式改革

授课教师可利用本书配套的在线开放课程资源，开展混合式教学，通过线上课程自学、线下任务实操与总结反思，有针对性地解决当前教育教学中存在的"理论灌输多、实操实训少"的问题，大大提高教学效果。

本书由"商务办公软件应用"在线开放课程主讲人乔哲主编，并负责统稿和定稿。编写团队主要由河北工业职业技术学院的教师构成，编写分工为：乔哲、戎钰编写任务一、任务二、任务三、任务四；白子良、白铎编写任务五、任务六；梁海建、唐振华编写任务七、任务八、任务十；蔺子雨编写任务九。本书在编写及资源制作过程中，得到了高等教育出版社、高等教育出版社河北省教学服务中心、育米众创空间的帮助和支持。此外，王春玉、王莉红、李建朝、李月朋、刘云青等老师及河北工业职业技术学院2017级电子商务班的同学也给予了大量的帮助，在此一并表示衷心感谢。

由于编写时间紧、任务重，书中难免存在疏漏和错误，真诚欢迎广大读者批评指正，以便再版时予以修正，使其日臻完善。

编者

2020年10月

"商务办公软件应用"在线开放课程页

课程主讲人：乔哲

课程平台：爱课程（中国大学MOOC）

课程平台：智慧职教MOOC学院

主编简介

乔哲，河北软件职业技术学院副院长，全国外经贸职业教育教学指导委员会委员，职业教育国家级教师教学创新团队核心成员，中国大学MOOC、智慧职教MOOC学院"商务办公软件应用"课程主持人。曾先后获得河北省技术能手、河北省青年岗位能手、河北省"三三三人才工程"第三层次人选等称号，获河北省教学成果一、二等奖，全国多媒体课件大赛一等奖，全国职业院校信息化教学大赛三等奖等奖项，主持国家职业教育国际贸易专业教学资源库"跨境电子商务"课程、河北省精品在线开放课程、河北省科技厅重点研发计划等项目。出版专著两部，发表论文十余篇。

目　录

任务一

制作销售计划书

├ 知识目标

- ⊙ 掌握文本的录入、复制、粘贴、查找和替换的操作方法
- ⊙ 掌握文本的字体、字号、字形设置
- ⊙ 掌握段落间距、行距、段落首行缩进等设置
- ⊙ 掌握页眉、页脚、页码的插入与设置
- ⊙ 掌握目录和索引的编制

├ 技能目标

- ⊙ 能够熟练运用Word编辑文档并对文档进行美化
- ⊙ 能利用Word对文档自定义生成目录，并设置页眉、页脚
- ⊙ 能运用文档处理的相关知识制作完整的文档文件

任务导入：职场小白成长记之制作销售计划书

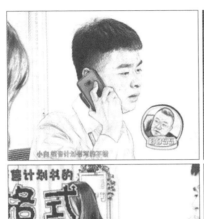

扫一扫：
看看我们的
主人公接了
什么样的任
务？初入职
场的他能搞
定吗？

任务介绍

通过制作销售计划书，系统学习 Word 的文档编辑和排版功能，掌握如何在文档中设置页眉、页脚、页码及生成目录等内容。

面临问题

➤ 需要在文档中添加页眉和页脚，但是首页并不需要页眉和页脚，应该怎么操作？

➤ 文档制作完成后，需要提取目录，是通过手工打字还是使用目录功能快速提取？

➤ 在提取目录时，如果没有为标题设置大纲级别，能否成功提取？

➤ 文档中某些词语不容易理解，为了让阅读者更好地理解，需要添加脚注或尾注，应该怎样操作？

素材介绍

本任务需使用的工作素材为"未排版的销售计划书"，包含封面及正文（共六部分，包含文本、表格等）以及封面需要的公司 Logo 图片。

商业知识：如何撰写销售计划书？

销售计划书是销售活动开展以来所有创意结果的书面表达，既是对所有计划的归纳，也是计划工作的具体成果。销售计划书是实现销售计划目标的行动方案，是表达销售计划内容的载体，也是未来企业销售活动的指导性文件。

一、销售计划书的作用

销售计划书既是销售策划工作的最后一环，也是实施下一步销售活动的具体行动指南。通过阅读销售计划书的内容，可以了解策划者的意图和观点，懂得如何操作、实施销售计划。概括起来，销售计划书的作用有以下三个方面：

1. 准确完整地反映销售计划的内容

销售计划书是销售计划的书面反映形式，因此，销售计划书的内容能否准确传达策划者的真实意图非常重要。从整个销售计划过程来看，销售计划书是能否传达销售计划的第一步，是销售计划能否成功的关键。

2. 充分有效地说服决策者

通过销售计划书的文字表述，使企业决策者认同销售计划的内容，促使企业决策者采纳销售计划中的建议，并按照销售计划书中的内容实施销售活动。

3. 作为执行和控制的依据

销售计划书可以作为企业执行销售计划方案的依据，使销售部门在操作过程中提高行动的准确性和可控性。

因此，通过销售计划书的文字表述及视觉效果打动和说服企业决策者，是销售计划书撰写所追求的目标。

二、销售计划书的撰写原则

为了提高销售计划书的准确性和科学性，撰写销售计划书时应该遵循以下原则。

1. 可操作性

销售计划书是用于指导销售活动的，其指导性涉及销售活动中每个员工的工作及各环节关系的处理，因此可操作性非常重要。销售计划书应建立在现有的人力、财力、物力的基础上，提出开拓市场的时间、地点、步骤及系统性的策略和措施。销售计划书不仅要可操作，而且要易于操作，否则不但消耗大量人力、物力、财力，而且管理复杂，效率低。

2. 简明易懂

撰写销售计划书要注意突出重点，简明扼要、通俗易懂，抓住企业销售中所要解决的核心问题深入分析，然后提出针对性与可行性强的实施对策。切忌大而不实，废话连篇，缺乏实际操作意义。

3. 创意新颖

销售计划书的创意非常重要，求新求异是销售成功的秘诀所在。因此，在描述和表现时，要尽量使用新颖的手法、简洁的图表、生动的语言。同时，在设计格式时可以突破常规，富有新意，以提升销售计划书的吸引力，从而增强沟通效果。

三、销售计划书的结构与内容

销售计划书一般没有固定格式，需要根据销售活动的内容与撰写要求进行具体设置。一般来说，企业的销售计划书如表1-1所示。

表1-1　销售计划书的构成

构成	具体内容
封面	销售计划书名称、企业名称、策划者姓名等
目录	策划内容标题及页码，一般排列至二级标题即可

续表

构成		具体内容
正文	策划目标	设定策划目标，说明策划的意义
	现状分析	内外部环境分析：SWOT分析
	销售战略	市场细分、目标市场、市场定位
	组合策略	产品策略、价格策略、市场定位
	实施方案	方案实施过程的具体步骤
	费用预算	总费用、阶段费用、项目费用等
附录		注意事项、参考文献等

四、销售计划书的撰写技巧

悟一悟：

不管通过何种方法展示数据，都要注重原始数据的真实性，只有这样才能分析出客观的结果。不能为了达到预想的结果，而刻意剔除数据，以偏概全，甚至伪造或刻意制造虚假数据。只有尊重事实，才能得出客观、准确的分析结果，这种结果才能对人们的决策产生积极有效的作用。

1. 充分利用数字说明问题

销售计划书是指导企业销售的文件，其可靠程度是决策者首先要考虑的，这就需要借助一些定量分析方法或手段来分析和解决问题。充分利用数字说明问题，可以提高销售计划书的可信性，更好地说服阅读者，实现事半功倍的效果。

2. 巧妙利用图表帮助理解

图表有助于阅读者理解销售计划书中的内容，同时还可以增强页面的美观性。图表具有强烈的视觉效果，用图表进行比较分析、概括归纳、辅助说明等非常有效。撰写销售计划书时，可以使用一些图片或表格，把工作的流程、各项工作的衔接关系等直观表达出来，使其易于理解。

3. 合理设计版面

合理的版面设计可以使销售计划书重点突出、层次分明，增强视觉效果。因此，有效排版也是撰写销售计划书的技巧之一。排版包括字体与字号的大小、字与字的空隙、行与行的间隔，以及插图和颜色等内容的设计。如果整篇销售计划书的字体、字号完全一样，没有层次之分，那么这份销售计划书就会显得呆板，缺少生气。

软 件 应 用

一、软件介绍

Microsoft Office Word（简称Word）是微软公司开发的一个文字处理器应用程序，作为Office套件的核心程序，它提供了许多易于使用的文档创建工具，同时提供了丰富的功能用于创建复杂的文档。哪怕只使用Word进行文本格式化操作或图片处理，也可以使简单的文档变得比只使用纯文本更具吸引力。

二、界面介绍

Word的界面主要由功能区、编辑区等内容构成，如图1–1所示，Word中各部分的功能如表1–2所示。

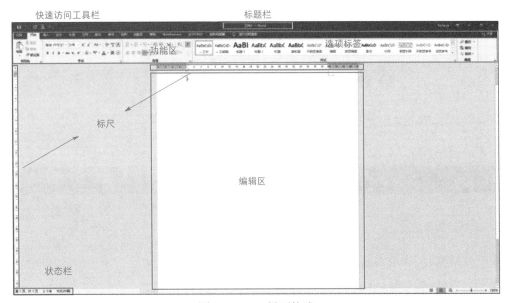

图1–1　Word界面构成

表1–2　Word界面功能表

名称	功能
快速访问工具栏	用于放置一些常用工具
标题栏	显示当前的文档名称

续表

名称	功能
选项标签	用于切换选项组，单击相应标签可以完成切换
功能区	用于放置编辑文档时所需的功能按钮，可将各个功能按钮划分为若干组
标尺	用于显示或定位文本的位置
编辑区	用于编辑文档内容
状态栏	显示当前文档页数、字数等信息

三、工具介绍

1. 字体设置

在Word中可以在"开始"选项卡"字体"分组中设置文字的字体、字号、颜色、加粗、斜体和下划线等常用的字体格式。各选项和按钮的功能分别如图1-2和表1-3所示。

图1-2　Word界面中"字体"分组的选项构成

表1-3　"字体"分组中的各选项功能

序号	功能
①	字体下拉列表框，单击后在下拉列表中选择需要的字体
②	字号下拉列表框，单击后在下拉列表中可选择需要的字号
③	增大/减小字号按钮，单击按钮将根据字符列表中排列的字号大小依次增大或减小所选字符的字号
④	加粗按钮，单击该按钮，可将所选的字符加粗显示
⑤	倾斜按钮，单击该按钮，可将所选的字符倾斜显示
⑥	下划线按钮，单击该按钮，可为选择的字符添加下划线效果
⑦	删除线按钮，单击该按钮，可为选择的字符添加删除线效果
⑧	字体效果和版式下拉列表框，单击后在下拉列表中可选择需要的字体效果和版式

序号	功能
⑨	文本突出显示颜色按钮，单击该按钮，可自动为所选字符应用当前颜色作为突出颜色，或单击该按钮右侧下拉按钮，在下拉列表中可选择需要的突出文本颜色
⑩	字体颜色按钮，单击该按钮，可自动为所选字符应用当前颜色，或单击该按钮右侧的下拉按钮，在下拉列表中可选择需要的字体颜色

2. 段落设置

在Word中可以在"开始"选项卡"段落"分组中设置段落的缩进量、对齐方式、行距和底纹颜色等常用的段落格式。各选项和按钮的功能分别如图1-3和表1-4所示。

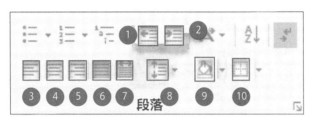

图1-3　Word界面中"段落"分组的选项构成

表1-4　"段落"分组中各选项功能

序号	功能
①	减小缩进量按钮，单击该按钮，可依次减小段落与页面左边界的距离
②	增大缩进量按钮，单击该按钮，可依次增大段落与页面左边界的距离
③	左对齐按钮，单击该按钮，可使段落与页面左边界对齐
④	居中按钮，单击该按钮，可使段落与页面居中对齐
⑤	右对齐按钮，单击该按钮，可使段落与页面右边界对齐
⑥	两端对齐按钮，单击该按钮，可使段落同时与左边界和右边界对齐，并根据需要增加字间距
⑦	分散对齐按钮，单击该按钮，可使段落同时靠左边界和右边界对齐，并根据需要增加字间距
⑧	行和段落间距按钮，用于调整段落中文本的行与行之间的距离、段落与段落之间的距离
⑨	底纹按钮，用于设置段落的底纹
⑩	边框按钮，用于设置段落中文本的边框线

四、功能介绍

1. Word中"节"的概念

在Word中，"节"是一组页面格式的集合，它是文档格式化的最大单位（或指一种排版格式的范围）。

默认情况下新建的文档，Word将整个文档视为一"节"，所以对文档的页面设置是应用于整篇文档的。但是在某些特殊情况下，比如想要文档中的部分页面旋转90°，或者想要部分页面不被编入页码，或者想要部分页面采用不同的版面布局，这些高级操作都需要用到"节"，它可以让文档中的页面设置发生变化。

2. 分节符的介绍

节可小至一个段落，大至整篇文档。"节"用分节符标识，每个分节符是为表一个"节"结束而插入的标记。分节符中存储了当前"节"的格式设置信息，如页边距、页的方向、页眉、页脚以及页码顺序。要注意分节符只能控制它前面文字的格式。

分节符的类型有以下四种：

① 下一页。插入该分节符，分节符后的文本从新的一页开始。

② 连续。插入该分节符，新节与其前面一节同处于当前页中。

③ 偶数页。插入该分节符，分节符后面的内容转入下一个偶数页。

④ 奇数页。插入该分节符，分节符后面的内容转入下一个奇数页。

3. 插入与显示分节符

如果整篇文档采用统一的格式，则不需要进行分节；如果想在文档中采用不同的格式设置，必须通过插入分节符将文档分割成任意数量的"节"，然后根据需要分别为每"节"设置不同的格式。

将文本插入点定位在需要插入分节符的位置，单击"页面布局"选项卡"页面设置"分组中的"分节符"下拉按钮，在弹出的下拉列表框中选择需要插入的分节符类型即可，如图1-4所示。

如果要查看分节符，以便可以选择并将其删除，可以在"开始"选项卡中选择"显示/隐藏"¶按钮。在Word界面中插入分节符的样式如图1-5所示。

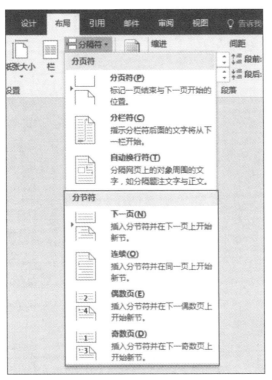

图1-4　Word中分隔符的类型

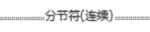

图1-5　在Word界面中插入分节符的样式

任 务 操 作

任务导图

	插入系统预设封面样式
步骤1. 编辑销售计划书封面	在已应用样式上修改文字内容
	替换已应用样式中的图片
	插入公司Logo并调整大小、位置
	替换内容中的空格与空行
步骤2. 编辑销售计划书正文	设置字体格式
	设置段落格式
	设置表格大小
步骤3. 设置计划书中表格格式及样式	调整文字对齐方式
	设置表格样式
	设置标题大纲级别
步骤4. 设置销售计划书标题和目录	利用标题大纲生成目录
	对目录样式进行美化
步骤5. 为销售计划书添加页眉页脚	在页眉处添加公司名称
	从正文开始设置页码
步骤6. 预览销售计划书	利用阅读视图预览
	利用导航窗格预览
步骤7. 打印销售计划书	设置打印参数

制作销售计划书

操作步骤

步骤1. 制作销售计划书封面

销售计划书封面目标任务完成图如图1-6所示。

图1-6　销售计划书封面目标任务完成图

1.1 插入系统预设封面样式

在 Word 界面中插入系统预设封面样式如图1-7所示。

图1-7　在Word界面中插入系统预设封面样式

① 将光标置于标题前，选择"插入"选项卡；

② 在"页面"分组中单击"封面"下拉按钮；

③ 在弹出的下拉列表中选择"运动型"封面插入。

1.2 在已应用样式上修改文字内容

在Word中在已应用样式上修改文字内容如图1-8所示。

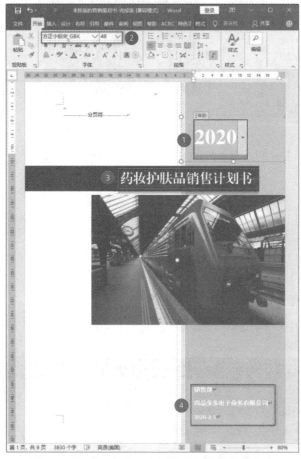

图1-8　在Word中在已应用样式上修改文字内容

① 单击"年份"文本框将年份修改为"2020"；

② 在"开始"选项卡"字体"分组中将年份字体改为"方正小标宋"；

③ 用同样的方法，修改"标题"文本框，并更改字体为"方正小标宋""30号"；

④ 单击"作者""公司""日期"文本框，并更改字体为"黑体""四号"。

神灯宝藏

为什么你的计算机里没有找到"方正小标宋"这个字体？赶快去学习字体的收集及安装吧。

常用的搜索字体网站有：模板王、找字网。

1.3 替换已应用样式中的图片

在Word界面中替换已应用样式中的图片，如图1-9所示。

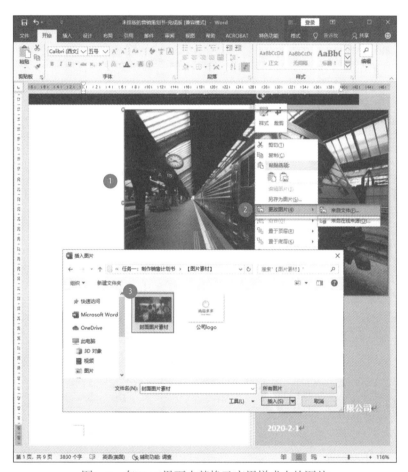

图1-9　在Word界面中替换已应用样式中的图片

① 选中应用封面中的图片；

② 右击鼠标，选择"更改图片""来自文件"；

③ 在弹出的"插入图片"对话框中选择需要的图片插入。

1.4 插入公司Logo并调整大小、位置

在 Word 界面中插入公司Logo并调整大小、位置如图1–10所示。

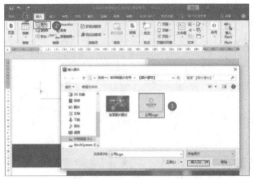

（a）在Word界面中插入公司Logo　　　　　　（b）在Word界面中调整Logo大小、位置

图1–10　在Word界面中插入公司Logo并调整大小、位置

① 选择"插入"选项卡；

② 单击"图片"选项；

③ 在"插入图片"对话框中选中图片；

④ 选中图片后调整图片大小，将图片设置为"左对齐"；

⑤ "布局选项"中设置图片为"嵌入型"。

　　　Word在默认状态下不显示分节符标记，可在"文件"选项卡中单击"选项"调出 Word"选项"窗口，在"显示"选项中，勾选"始终在屏幕上显示这些标记"中的"可选分节符"复选框，即可在正文中显示分节符标记。同理，可设置显示"制表符""空格"等各种标记，建议勾选"显示所有格式标记"。

步骤2. 编辑销售计划书正文

销售计划书正文目标任务完成图如图1–11所示。

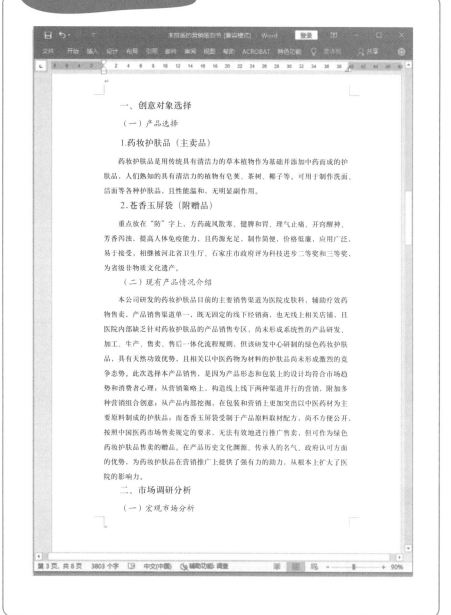

图1-11 销售计划书正文目标任务完成图

微课:
长文档的编
辑与录入

2.1 替换内容中的空格与空行

在 Word 界面中替换内容中的空格与空行如图 1-12 所示。

图1-12　在Word界面中替换内容中的空格与空行

练一练：

尝试使用替换功能整体替换文字的字体、字号。

① 全选正文，选择"开始"选项卡；

② 在"编辑"分组中单击"替换"按钮；

③ 在弹出的"查找和替换"对话框中，"查找内容"的文本框内输入一个汉字符空格"　"，在"替换为"文本框中什么都不输入；

④ 单击"全部替换"，文中空格被全部替换。

左右互搏 ①

替换组合键：Ctrl+H；查找组合键：Ctrl+F；定位组合键：Ctrl+G。

好学殿堂

查找或替换的内容包含特殊格式，如段落标记、制表符、分节符等编辑标记，可使用"查找和替换"对话框中的"特殊格式"按钮菜单进行选

---

① "左右互搏"源自金庸小说人物周伯通的左右互搏术，比喻在商务办公软件操作中两手能同时熟练操作键盘或鼠标，善用快捷键，提升工作效率。

择，也可直接使用其相对应的替代符号。常用符号"^p"为硬回车段落标记，"^l"为软回车手动换行符。请选中"文件""选项""显示""显示所有格式标记"以方便文档的编辑。

例如，替换文档中的空行，可在"替换""查找内容"中输入"^p^p"，在"替换为"文本框中输入"^p"，单击"全部替换"。

2.2 设置字体格式

在Word界面中设置字体格式如图1-13所示。

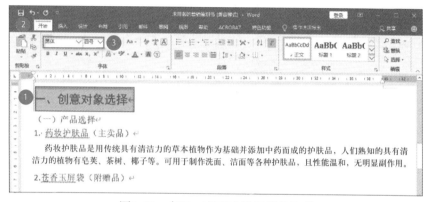

图1-13　在Word界面中设置字体格式

① 选中正文中的一级标题；

② 选择"开始"选项卡；

③ 设置字体为"黑体"，字号为"四号"；

④ 用同样的方式，设置二级标题为"楷体""四号"，三级标题为"宋体""四号""加粗"，正文格式为"宋体""小四"。

神灯秘籍

Word选取文字的快捷操作是：把鼠标定位在Word编辑区文字上方，双击是选择一个词组，三击是选择当前段落。把鼠标移动到页面左侧的选取区，鼠标会变成反向箭头，单击是选取当前行，双击是选取当前段，三击是选取全文（相当于Ctrl+A）。

2.3 设置段落格式

在Word界面中设置段落格式如图1-14所示。

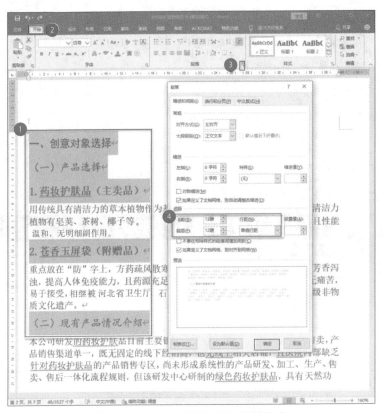

图1-14　在Word界面中设置段落格式

① 选中正文中所有的标题；

② 选择"开始"选项卡；

③ 在"段落"分组中单击右下角的"段落设置"按钮；

④ 在"段落"对话框中设置对齐方式为"左对齐"，段前、段后分别为"12磅"，行距为"单倍行距"。以同样的操作方法，将正文文本设置为"两端对齐"，首行缩进"2字符"，段前、段后为"0行"，行距为"固定值""24磅"。

 神灯秘籍

在Word文档中还可以通过标尺来快速设置不同段落的首行缩进值。在"视图"选项卡下将"显示"分组中的"标尺"复选框勾选，即可打开标尺。选中段落后拖动界面上方的左缩进标尺，即可完成段落的缩进设置。

步骤3. 设置计划书中表格格式及样式

设置销售计划书中表格格式及样式如图1-15所示。

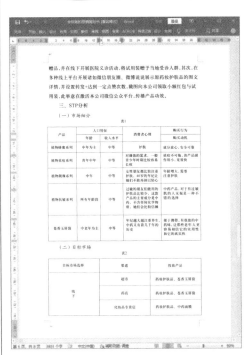

图1-15　设置销售计划书中表格格式及样式

3.1 设置表格大小

在Word界面中设置表格大小如图1-16所示。

图1-16　在Word界面中设置表格大小

① 单击"田"符号选中表格；

② 选择"布局"选项卡；

③ 在"表"分组中单击"属性"按钮，也可右击"田"符号，选择"表格属性"；

④ 在"表格属性"对话框选择"表格"标签页，设置尺寸为指定宽度，度量单位为"百分比"，指定宽度为"100%"；

⑤ 在"行"设置中设置尺寸为指定高度，行高值是"最小值"，可以解除行高设置对表格行距的影响，仅通过"段落"对话框设置行距；

⑥ 先选中表格标题行，再打开"表格属性"，勾选"在各页顶端以标题形式重复出现"复选框。

3.2 调整文字对齐方式

在 Word 界面中调整文字对齐方式如图 1–17 所示。

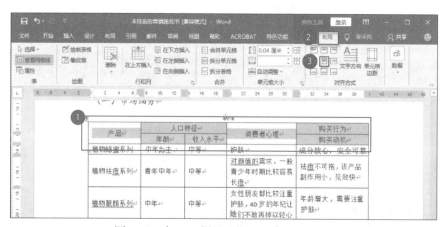

图1-17 在Word界面中调整文字对齐方式

① 选中标题文字；

② 选择"布局"选项卡；

③ 在"对齐方式"分组中单击"水平居中"按钮。

3.3 设置表格样式

在 Word 界面中设置表格样式如图 1–18 所示。

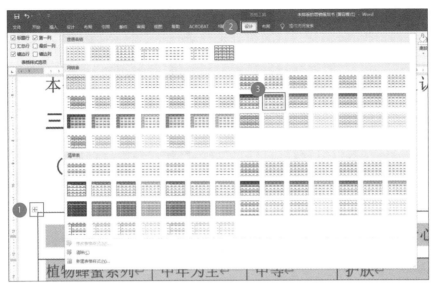

图1-18　在Word界面中设置表格样式

① 单击"⊞"符号选中表格；

② 选择"设计"选项卡，在"表格样式"分组中单击下拉菜单；

③ 选择"网络表4"样式，选择好样式后可单独调整文字对齐方式。

步骤4. 设置销售计划书标题和目录

销售计划书中标题和目录的目标任务完成图如图1-19所示。

图1-19　销售计划书中标题和目录的目标任务完成图

4.1 设置标题大纲级别

在Word界面中设置标题大纲级别如图1-20所示。

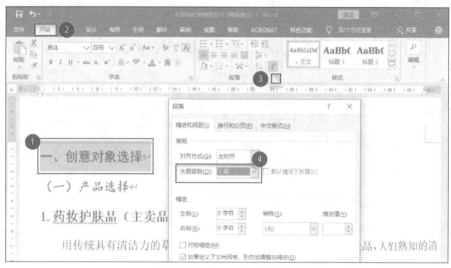

图1-20 在Word界面中设置标题大纲级别

① 选中所有一级标题;

② 选择"开始"选项卡;

③ 在"段落"分组中单击右下角的"段落设置"按钮;

④ 在"段落"对话框中设置大纲级别为"1级"。以同样的方式分别设置二级标题的大纲级别为"2级",三级标题的大纲级别为"3级"。

神灯秘籍

> 可以通过"格式刷"工具快速复制格式,具体操作方式为:选中已经设置好格式的某个标题,单击"开始"选项卡"剪贴板"分组中的"格式刷"按钮,然后用鼠标选中目标文本即可。如果需要将格式一次性复制到多个位置,可以双击"格式刷"按钮,然后不断单击目标文本,即可完成多次格式复制。不再使用"格式刷"时,按Esc键即可取消。

4.2 利用标题大纲生成目录

在 Word 界面中利用标题大纲生成目录如图 1-21 所示。

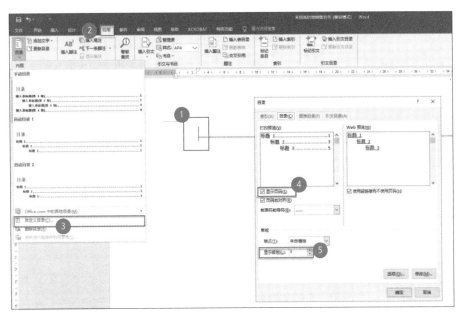

图1-21　在Word界面中利用标题大纲生成目录

① 在正文前插入"分节符"，将光标置于需要生成目录的空白页；

② 选择"引用"选项卡；

③ 在"目录"分组中单击"目录"下拉按钮，在下拉列表中选择"自定义目录"选项；

④ 在"目录"对话框中，选中"显示页码"复选框；

⑤ 在"目录"对话框中，设置显示级别为"3"。

好学殿堂

目录默认以链接形式插入文档中，在按住 Ctrl 键的同时单击某条目录项，可以访问目标位置。清除文档中的所有超链接，可以按 Ctrl+Shift+F9 组合键。

4.3 对目录样式进行美化

在 Word 界面中对目录样式进行美化如图 1-22 所示。

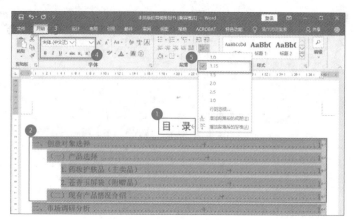

图1-22 在Word界面中对目录样式进行美化

① 在生成的目录前插入一行，添加"目录"二字，并居中设置；

② 选中生成的目录；

③ 选择"开始"选项卡；

④ 在"字体"分组中设置目录字体为"宋体""不加粗"；

⑤ 在"段落"分组中设置目录行距为"1.15"倍行距。

步骤5. 为销售计划书添加页眉页脚

销售计划书中页眉页脚目标任务完成图如图 1-23 所示。

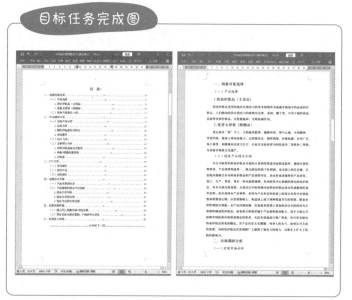

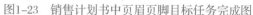

微课：
页眉页脚及
分隔符

图1-23 销售计划书中页眉页脚目标任务完成图

5.1 在页眉处添加公司名称

在Word界面中添加公司名称如图1-24所示。

（a）在Word界面中添加页眉　　　　　（b）在Word界面中设置页眉格式

图1-24　在页眉处添加公司名称

① 在页眉位置双击鼠标左键，进入页眉和页脚编辑状态；

② 将"设计"选项卡"选项"分组中的"首页不同"复选框取消勾选；

③ 取消选择"设计"选项卡"导航"分组中的"链接到下一节"；

④ 在页眉处输入公司名称；

⑤ 设置页眉字体格式为"宋体""五号"；

⑥ 完成页眉文字输入后，单击"关闭页眉和页脚"按钮，退出页眉编辑状态。

 神灯秘籍

　　如果想要不同页显示不同的页眉页脚，就活学活用上面的步骤，熟练掌握"分节符"和"链接到下一节"等选项的设置；如果要删除空白页眉残留的横线，可在页眉和页脚编辑状态下，将光标定位到页眉中，单击"开始"选项卡"字体"分组中的"清除所有格式"按钮。

5.2 从正文开始设置页码

从正文开始设置页码如图1-25所示。

① 双击正文第一页的页脚位置，进入第2节的页脚编辑状态；

② 取消选择"设计"选项卡"导航"分组中的"链接到前一节"；

③ 在"设计"选项卡"页眉和页脚"分组中单击"页码"下拉按钮；

④ 在下拉列表中选择"页面底端""普通数字2"选项；

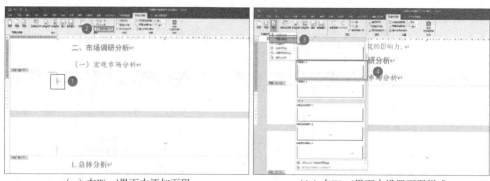

（a）在Word界面中添加页码　　　　　（b）在Word界面中设置页码样式

（c）在Word界面中设置起始页码　　　　（d）在Word界面中完成页码设置

图1-25　从正文开始设置页码

想一想：

如何对正文设置奇偶页不同的页码？

⑤ 在"设计"选项卡"页眉和页脚"分组中单击"页码"下拉按钮，在下拉列表中选择"设置页码格式"；

⑥ 在"页码格式"对话框中设置起始页码为"1"；

⑦ 将鼠标定位在正文页之前的目录页和封面页的页脚，删除第1节的页码；

⑧ 完成页码设置后，单击"关闭页眉和页脚"按钮，退出页脚编辑状态。

步骤6. 预览销售计划书

预览销售计划书目标任务完成图如图1-26所示。

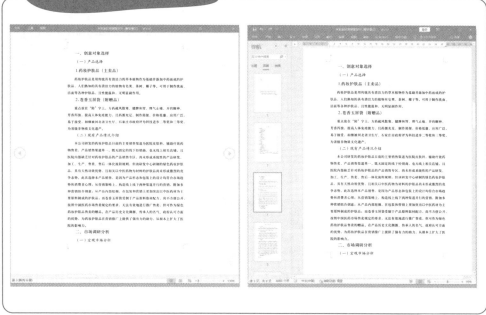

图1-26　预览销售计划书目标任务完成图

6.1 利用阅读视图预览

利用阅读视图预览如图1-27所示。

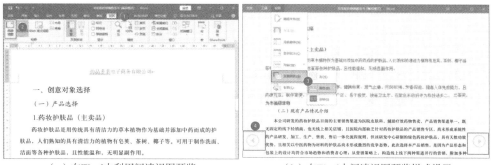

（a）在Word中利用阅读视图预览　　　（b）在Word中阅读视图预览样式设置

图1-27　利用阅读视图预览

① 选择"视图"选项卡；

② 单击"视图"分组中的"阅读视图"按钮；

③ 可以单击"视图"菜单栏，在下拉列表中选择"页面颜色""褐色"设置页面

颜色;

④ 在阅读视图模式下，单击左右箭头按钮或用键盘即可完成翻屏。

好学殿堂

　　在阅读视图下预览完毕后，可以按Esc键退出预览，也可以单击页面右下方的"页面视图"按钮，返回页面视图编辑状态。另外，可根据情况使用"web版式视图"进行预览。

6.2 利用导航窗格预览

利用导航窗格预览如图1-28所示。

图1-28　利用导航窗格预览

① 选择"视图"选项卡;

② 在"显示"分组中勾选"导航窗格"复选框，即可调出"导航"窗格;

③ 在"导航"窗格中，选择"页面"选项卡，即可查看文档的页面缩略图。另外，可选择"标题"选项卡，浏览目录大纲，可点击快速定位。

步骤7. 打印销售计划书

打印销售计划书目标任务完成图如图1-29所示。

図1-29　打印销售计划书目标任务完成图

设置打印参数

在Word中设置打印参数如图1-30所示。

图1-30　在Word中设置打印参数

议一议：

日常学习和生活中常见的打印问题都有哪些？如何解决？

任务操作

31

① 在"文件"选项卡中选择"打印"命令，快捷键为Ctrl+P；

② 根据需要设置打印份数；

③ 设置打印范围，可以选择"打印所有页"或"打印当前页面"，也可以"自定义打印范围"；

④ 完成打印设置后，单击"打印"按钮即可开始打印文档。

 神灯秘籍

如果要打印隐藏内容，可以在"文件"选项卡中选择"选项"按钮，调出"Word选项"对话框，在"显示"组的"打印选项"中勾选"打印隐藏文字"复选框。

 好学殿堂

如果在一台计算机上将文档编辑完成后，在另一台计算机上打印，而另一台计算机却没有安装Word，可以将文档保存为.pdf格式或.prn格式，然后再将文档复制打印，这样与在Word中排版效果一致。

知识与技能训练

一、单项选择题

1. 在Word中，用拖拽鼠标方式进行复制时，需要在（　　）的同时，拖动所选对象到新的位置。

A. 按Ctrl键　　　　　　　B. 按Shift键

C. 按Alt键　　　　　　　D. 不按任何键

2. 在Word的编辑状态下，设置字体前不选择文本，则设置的字体对（　　）起作用。

A. 任何文本　　　　　　　B. 全部文本

C. 当前文本　　　　　　　D. 插入点新输入的文本

3. 下列选项中，对 Word 表格的叙述正确的是（　　　）。

A. 表格中的数据不能进行公式计算

B. 只能在表格的外框画粗线

C. 表格中的文本只能垂直居中

D. 可对表格中的数据排序

4. 选定文本后，单击工具栏上的复制按钮，Word 就把所选内容放到（　　　）上，以便随后使用。

A. 光标所在的插入位置　　　　　B. 剪贴板

C. 文本编辑区左上方　　　　　　D. 窗口

5. 在 Word 编辑状态下选择了整个表格，执行了表格菜单的"删除行"命令，则（　　　）。

A. 整个表格被删除　　　　　　　B. 表格中的一行被删除

C. 表格中的一列被删除　　　　　D. 表格中没有被删除的内容

二、多项选择题

1. 打开 Word "查找和替换" 对话框的快捷键有（　　　　　　）。

A. Ctrl+F　　　　　　　　　　　B. Ctrl+H

C. Ctrl+G　　　　　　　　　　　D. Ctrl+I

2. 下述方法中能够实现 Word 选定文档内容移动的是（　　　　　　）。

A. 选定内容后，鼠标拖动选定内容移动到目标位置，再释放鼠标

B. 选定内容后鼠标指向任意位置拖动至目标位置

C. 选定内容后直接在目标位置按 Ctrl+V 组合键

D. 选定内容后按 Ctrl+X 组合键，定位到目标位置按 Ctrl+V 组合键

3. 下列关于 Word 页眉、页脚的描述正确的有（　　　　　　）。

A. 页眉、页脚不可同时出现

B. 页眉、页脚的字体、字号为固定值，不能够修改

C. 页眉默认居中，页脚默认左对齐，可改变它们的对齐方式

D. 用鼠标双击页眉、页脚位置，可进入编辑状态

4. Word"表格工具"提供了表格绘制及编辑的各种工具，如表格中（　　　　）的插入、删除等。

A. 单元格　　　　　　　　　B. 行

C. 文本或图片　　　　　　　D. 表格线

5. Word"打印预览和打印"选项可以打印（　　　　　）。

A. 当前页　　　　　　　　　B. 选定区域

C. 所有页　　　　　　　　　D. 自定义范围

三、判断题

1. 样式是经过特殊打包的格式集合，包括字体、字号、字体颜色，字间距、行间距、段间距、特殊效果，对齐方式、缩进位置和边距等。（　　）

2. 在Word中可通过设置"显示所有格式标记"来显示"空格"标识。（　　）

3. Word可以方便地撤销已经做过的所有编辑操作。（　　）

4. 编辑Word的页眉页脚时，文档内容和页眉页脚可以在同一窗口编辑。（　　）

5. 进行选定文本内容的操作时，可以选定两块不连续的内容。（　　）

任务二

制作宣传册

├知识目标

- ⊙ 掌握模板的新建、应用与编辑
- ⊙ 掌握文本框的插入与设置
- ⊙ 掌握插入图片、图片位置调整及图片剪裁与美化的方法
- ⊙ 掌握绘制图形的方法

├技能目标

- ⊙ 能利用Word进行图形的组合、叠放、调整、颜色填充、线型效果的处理
- ⊙ 能够熟练利用SmartArt编辑流程图
- ⊙ 能运用相关知识完成文字、图片、流程图的混合排版

扫一扫：
看看我们的
主人公接了
什么样的任
务？初入职
场的他能搞
定吗？

任务导入：职场小白成长记之制作宣传册

任务介绍

通过制作产品宣传册，系统学习如何使用 Word 中的模板快速美化文档，并掌握图片、图形和艺术字等图形样式与文字混排的技巧。

面临问题

➢ 怎样使用模板创建文档，让文档显得更加专业？

➢ 如何编辑模板，使别人的模板为自己所用？

➢ 需要为文档中的图片调整方向时，如何快速旋转？

➢ 文档中的图片颜色不合适，如何进行更改？

➢ 创建 SmartArt 图形之后，如何让图形变得更加漂亮？

素材介绍

本任务需要新建 Word 文档进行操作，使用的工作素材为制作宣传册封面所需的图片，包含：公司 Logo 以及 5 张封面素材等。

商业知识：如何制作宣传册？

宣传册是企业对外最直接、最形象的宣传形式，是企业从事商业活动必不可少的实物媒介，是客户了解企业基本信息的媒介之一。企业的管理内容、服务和文化内涵，可以通过宣传册进行展现。优质的宣传册可以使用多样化的设计元素，如插图、文字等，配合版式设计，不仅可以全面、多层次地介绍企业文化、理念和品牌形象，而且可以体现企业的竞争优势。

一、宣传册的设计特性

宣传册的设计需要重点注意以下三个方面的内容：

1. 体现企业特点

宣传册是对企业和相关项目的重点体现，使用的场景多样，有的侧重项目推广，有的强调企业核心价值观，有的体现市场契合度，有的用于招商引资。总之，宣传册设计的目的必须和企业需求一致。

2. 结构清晰，创意新颖

宣传册包含封面、扉页、卷首语、目录结构、内页等，宣传册设计整体给人的感觉要大气且有重点。在整体结构完整的基础上把握细节设计，从宣传册的开本、文字、字体、版式、布局等方面去设计，通过创造力突出品牌特色，增强品牌认同感。

3. 成本与质量兼顾

降低成本是企业不懈追求的目标之一。但是对于宣传册设计，不是成本减少得越多越好。不同用途的样本，必须具有特定的内容组合，必须围绕需求展开，不能盲目削减成本，导致降低宣传册带来的潜在销售能力。

二、宣传册的设计类别

1. 说明书

说明书常用于产品的包装盒内，主要功能为介绍产品特点，使消费者能更直观地了解其性能、组成部分、成分、使用方法、注意事项等。

2. 宣传单

宣传单包括传单、明信片、会员卡、贺卡、邀请函、请柬、菜单、名片等，形式多种多样，内容多为简单明了地介绍产品的主要内容，配以文字、插图及其他设计元素，对产品及企业进行全方位的介绍。

3. 图册

图册是最常用的宣传册形式之一，也是最为直接明了的形式，多用于各种类型的企业，一般为精心设计、印刷精美的成套册本。内容多为企业概况、文化理念、产品和服务内容等相关介绍，有的画册还会加入前言、致辞、企业荣誉介绍、成果展示、未来规划等。宣传册通常发放给产品供应商、消费者及其他服务对象。

三、宣传册的基本要素

一本内容充实、制作精美的宣传册要想发挥其广告作用，必须依靠以下四个重要设计因素，这对设计师来说也是考验设计能力的重要参考。

1. 文字

文字作为宣传册最重要的组成部分，是宣传册设计作品的设计要素之一。文字的形态及内涵通过和图形的结合，使得宣传册的内容精彩万分。在运用文字充实画册时，应该巧妙地利用字体的形状和结构，通过软件效果处理，突出其特殊性，以增加辨识度。在运用文字作为设计元素时，应该注意文字的可读性、文字形态与表述内容的和谐统一性以及版面效果。

在整本宣传册中，字体的变化不宜过多，要注意所选择字体之间的和谐统一。标题或提示性的文字可适当变化，内文的字体要风格统一。文字的编排要符合人们的阅读习惯，如每行的字数不宜过多，要选用适当的字间距与行间距，也可用不同的

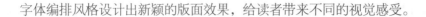

字体编排风格设计出新颖的版面效果，给读者带来不同的视觉感受。

2. 图形

图形是一种利用图片和色彩来直观地传播信息、观念及交流思想的视觉语言，它能超越国界，排除言语障碍，进入各个领域与人们进行交流与沟通，是通用的视觉符号。一本宣传册吸引消费者眼球的是它所展示的图形。图形可以引起消费者的注意力，发挥其视觉传达作用。

图形的设计可以归纳为具象图形和抽象图形两种类型。具象图形可以直观地传达物象的形态美、质地美、色彩美，具有真实感，容易从视觉上激发人们的兴趣与购买欲望，从心理上取得人们的信任。抽象图形运用非写实的抽象化视觉语言表现宣传内容，是一种高度理念化的表现，主要用于现代科技类产品的设计中，易于表现出产品的本质特征。此外，对有些形象不佳或无具体形象的产品，或有些内容与产品用具象图形表现较困难时，采取抽象图形表现可取得较好的效果。

3. 色彩

色彩是宣传册设计的重要组成部分，可以制造气氛，烘托主题，强化版面的视觉冲击力，直接引起人们的注意与情感上的反应。宣传册的色彩设计应从整体出发，注重各构成要素之间色彩关系的整体统一，以形成能充分体现主题内容的基本色调。准确把握主体色调可以帮助读者形成整体印象，更好地理解主题。

宣传册中色彩的运用颇为讲究，根据企业产品及服务内容的特点，色彩的运用也不同。比如，医院常用蓝色、白色、绿色来表现，因为这几个颜色呈现的感觉是健康、纯洁、干净、明亮和希望；餐馆的宣传册喜欢用暖色调，比如红色、黄色、橙色等，它们所体现出来的不仅是热情、丰收、红火，也有欣欣向荣的寓意，让食客有想要享用美食的欲望；网站设计则多采用蓝色系作为基色，用以表述科技感和现代感，同时给人一种冷静、理智的感觉。

4. 排版

图形与文字的编排方式及规律同样适用于宣传册的设计中。宣传册的排版需注意以下两点。

（1）面积较小、页面过少的宣传册，在设计时应该注重版面的简洁编排，突出重点，将主题内容展现出来，可将相关文字或者图片进行放大处理，其他细节辅助处理，使宣传内容主题明确，一目了然。

（2）针对页码较多、内容过多的宣传册，为兼顾个性与共性、整体与细节的统一，在排版上要注意整体效果的编排。文字内容需将重点和细节合理编排，色彩的运用更应该注重整体的协调统一，做到合理配搭。在设计宣传册的过程中，图片的穿插使用应该注意按照比例大小排列，考虑和色彩的搭配是否合理。

> **悟一悟：**
>
> 宣传册的制作过程中，切忌故意夸大产品功效，保证文字或图形的真实性。发布虚假广告属违法行为，只有符合时代的健康风貌、含有正确审美观的广告创意才会取得社会、市场的认可，从而形成健康正确的审美观念。

四、宣传册的设计步骤

（1）明确企业宣传册的目标、作用，以及制作宣传册的主要用途是什么，通过主要用途设计风格和内容的定位。

（2）充分了解企业所在行业的属性和特点，找出企业的特色和优势，打造企业亮点，便于进行创新设计。

（3）了解宣传册的用户，也就是发放对象的心理，站在读者的角度思考问题。

（4）定位设计，主要包括画面的设计风格和内容设计的定位。

（5）内容设计，封面是设计重点之一，要多花心思，内页应是图文并茂的创意设计。

（6）整体规划，风格统一。细节推敲要经得住考验，做到精益求精。

（7）印刷制作，考虑尺寸、工艺细节、纸张等因素，使宣传册达到最佳效果。

软 件 应 用

一、工具介绍

模板又称样式库，是一群样式的集合，并包含各种版面设置参数（如纸张大小、页边距、页眉和页脚位置等）。一旦通过模板开始创建新文档，便载入了模板中的版面设置参数和所有样式设置，使用者只需在其中填写具体的数据即可。

Word自带了多个预设的实用文档模板，如简历、报表设计、课程提纲和书法字帖等。另外，用户可以在模板搜索框中输入关键词搜索更多的在线模板，快速创建专业的Word文档，提高工作效率。使用模板不仅可以节省时间，还能快速创建出拥有漂亮界面和统一风格的文件，尤其适合于新建经常使用的文件类型，如演示文稿、申请表和费用报表等。

　　单击"文件"按钮，在弹出的下拉菜单中选择"新建"命令，在中间栏中选择需要的模板，在打开的提示对话框中可以预览该模板的效果，单击"创建"按钮，Word便开始下载该模板了，稍等片刻，等模板下载完成后将基于该模板新建一个文档，在使用时更改文本内容即可。

二、功能介绍

　　SmartArt图形是信息和观点的视觉表达形式，相对于Word中提供的普通图形功能，SmartArt图形功能更强大、种类更丰富、效果更生动，可以从多种不同布局中选择创建，快速、轻松、直观并有效地传达信息，通常用于办公中的组织结构图、业务流程图等。

　　在Word中预设了流程、循环和关系等多种不同布局的SmartArt图形图示模板，不同类型图形的作用也不相同。用户可以根据需要展示的数据信息选择合适的SmartArt图形布局，方便、快捷地制作出美观、专业的图形。常见的SmartArt图形类型有以下八种。

1. 列表型

显示非有序信息或分组信息，主要用于强调信息的重要性，如图2-1所示。

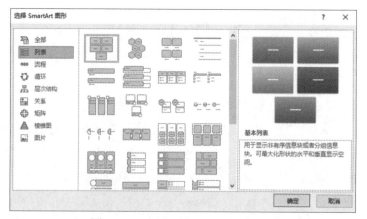

图2-1　Word中列表型SmartArt图形

2. 流程型

表示任务流程的顺序或步骤，如图2-2所示。

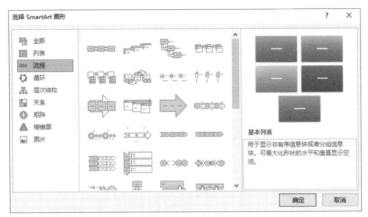

图2-2　Word中流程型SmartArt图形

3. 循环型

表示阶段、任务或事件的连续序列，主要用于强调重复过程，如图2-3所示。

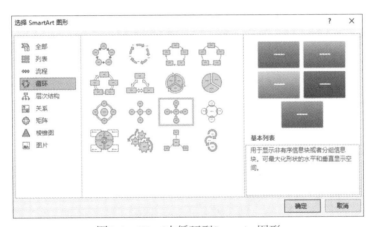

图2-3　Word中循环型SmartArt图形

4. 层次结构型

用于显示组织中的分层信息或上下级关系，最广泛地应用于组织结构图，如图2-4所示。

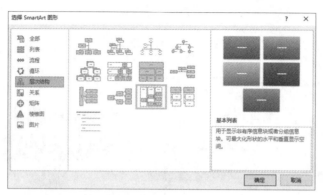

图2-4 Word中层次结构型SmartArt图形

5. 关系型

用于表示两个或多个项目之间的关系，或者多个信息集合之间的关系，如图2-5所示。

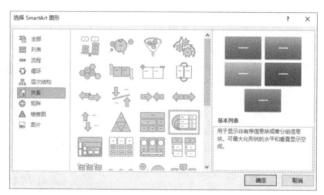

图2-5 Word中关系型SmartArt图形

6. 矩阵型

用于以象限的方式显示部分与整体的关系，如图2-6所示。

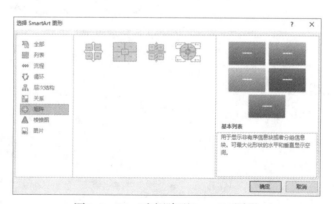

图2-6 Word中矩阵型SmartArt图形

7. 棱锥图型

用于显示比例关系、互连关系或层次关系，最大的部分置于底部，向上渐窄，如图2-7所示。

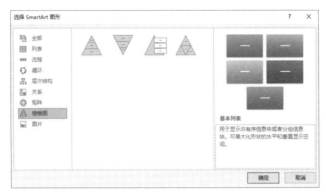

图2-7　Word中棱锥型SmartArt图形

8. 图片型

主要应用于包含图片的信息列表，如图2-8所示。

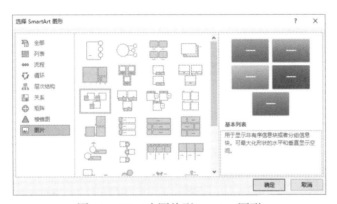

图2-8　Word中图片型SmartArt图形

任 务 操 作

任务导图

制作宣传册

步骤1.下载模板
- 利用新建Word文档方式选择模板并下载
- 删除模板中不需要的内容
- 更改模板主题颜色
- 保存下载后的模板

步骤2.使用模板制作封面
- 在封面中添加公司Logo图片
- 在封面中添加艺术字
- 以文本框形式插入文字并使用项目符号修饰
- 替换插入形状的图片填充
- 插入封面图片并将图片进行组合

步骤3.插入SmartArt模板制作组织结构图
- 将选好的模板插入文档
- 调整SmartArt图结构
- 为SmartArt图添加文字
- 调整结构图中的图形位置

步骤4.美化组织结构图
- 更改模板中的图形形状
- 利用预设的配色进行美化
- 利用预设的样式进行美化

步骤5.通过插入形状绘制工作流程图
- 绘制图形制作流程图
- 对齐流程图
- 绘制流程图箭头
- 添加流程图文字

步骤6.美化工作流程图
- 设置流程图颜色，不同类型的流程用不同的颜色
- 为流程图形状设置阴影及效果
- 调整箭头粗细使其指向醒目明确

步骤7.设置文档保护
- 设置文档的打开密码
- 设置文档的修改密码
- 将Word文档转换为PDF格式

操作步骤

步骤1. 下载模板

在Word中下载模板目标任务完成图如图2-9所示。

图2-9　在Word中下载模板目标任务完成图

1.1 利用新建Word文档方式选择模板并下载

利用新建Word文档方式选择模板并下载，如图2-10所示。

① 新建一个Word文档，在"文件"选项卡中选择"新建"命令；

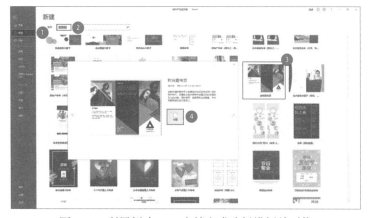

图2-10　利用新建Word文档方式选择模板并下载

② 在搜索文本框中输入搜索关键词"宣传册";

③ 选择制作宣传册需要的模板"时尚宣传页";

④ 单击"创建"下载所需模板。

1.2 删除模板中不需要的内容

删除模板中不需要的内容如图2-11所示。

（a）删除Word模板中的文本框　　　　　　（b）删除Word模板中的分页符

（c）剪切页眉中的模板内容　　　　　　（d）将页眉中的模板内容放至正文

图2-11　删除模板中不需要的内容

① 全选模板中的表格，按Backspace键将其删除;

② 选中模板中的"分页符"，按Delete键将其删除;

③ 选择"插入"选项卡，在"页眉和页脚"分组中单击"页眉"下拉按钮;

④ 在下拉列表中选择"编辑页眉"，进入页眉编辑状态后全选页眉内容，并进行
剪切;

⑤ "关闭页眉和页脚"后，在正文中粘贴图片。

左右互搏

全选组合键：Ctrl+A；剪切组合键：Ctrl+X；复制组合键：Ctrl+C；粘贴组合键：Ctrl+V

1.3 更改模板主题颜色

更改模板主题颜色如图2-12所示。

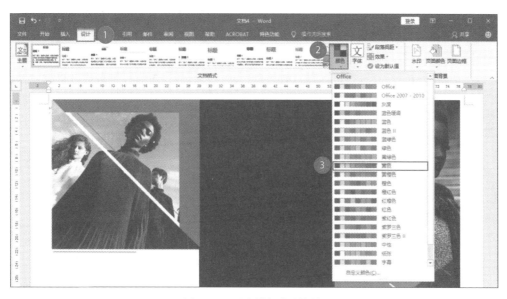

图2-12　更改模板主题颜色

① 选择"设计"选项卡；

② 在"文档格式"分组中单击"颜色"下拉按钮；

③ 在下拉列表中选择"黄色"。

神灯秘籍

如果想要将平常在网上看到的好看颜色应用到Word中的字体、图形或主题中，可以使用QQ截图等工具，在截图状态下将鼠标放置到需要的颜色上，会显示颜色参数RGB：（××，××，××），如图2-13所示，将以上参数分别记录后，输入到Word中自定义颜色的红色（R）、绿色（G）、蓝色（B）参数中，即可得到相同的颜色，如图2-14所示。

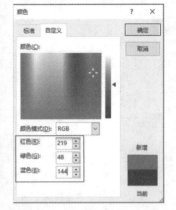

图2-13 提取颜色参数RGB   图2-14 在Word中自定义颜色

1.4 保存下载后的模板

在Word中保存下载后的模板如图2-15所示。

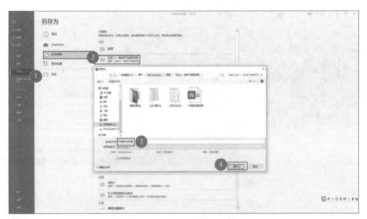

图2-15 在Word中保存下载后的模板

① 在"文件"选项卡中选择"另存为"命令；

② 选择文件保存的路径；

③ 输入文档名称；

④ 单击"保存"按钮。

步骤2. 使用模板制作封面

在Word中使用模板制作封面目标任务完成图如图2-16所示。

图2-16　在Word中使用模板制作封面目标任务完成图

2.1 在封面中添加公司Logo图片

在封面中添加公司Logo图片如图2-17所示。

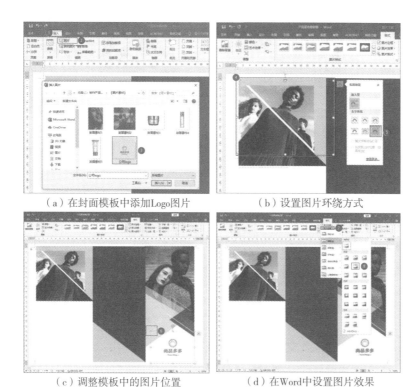

（a）在封面模板中添加Logo图片　　　　（b）设置图片环绕方式

（c）调整模板中的图片位置　　　　（d）在Word中设置图片效果

图2-17　在封面中添加公司Logo图片

① 选择"插入"选项卡；

② 在"插图"分组中单击"图片"按钮；

③ 在弹出的"插入图片"对话框中选择图片"公司Logo"插入；

④ 单击选中图片；

⑤ 单击"布局选项"按钮，选择图片为"浮于文字上方"；

⑥ 将图片拖拽到合适位置后，将鼠标放到图片左上角端点，按住鼠标左键拖动鼠标调整图片大小；

⑦ 单击图片后，在"格式"选项卡"图片样式"分组中单击"图片效果"下拉按钮；

⑧ 在下拉列表中为图片设置格式为"阴影""外部""偏移：中"。

2.2 在封面中添加艺术字

在封面中添加艺术字如图2-18所示。

（a）在封面中选择艺术字样式　　　　（b）在Word中设置艺术字格式

图2-18　在封面中添加艺术字

① 选择"插入"选项卡；

② 在"文本"分组中单击"艺术字"下拉按钮；

③ 在弹出的下拉列表中选择一种艺术字样式；

④ 输入艺术字内容，并将其移动到合适位置；

⑤ 设置艺术字字体为"方正综艺简体"，字号为"22号"。

2.3 以文本框形式插入文字并使用项目符号修饰

以文本框形式插入文字并使用项目符号修饰如图2-19所示。

（a）在Word中插入文本框

（b）在Word中设置文本框格式

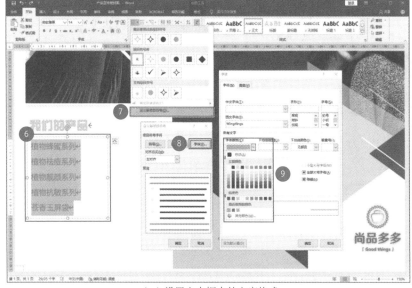
（c）设置文本框中的文字格式

图2-19　以文本框形式插入文字并使用项目符号修饰

① 在"开始"选项卡"文本"分组中单击"文本框"下拉按钮；

② 在弹出的下拉列表中选择"简单文本框"样式；

③ 选中文本框，通过拖拽调整其位置和大小；

④ 在"格式"选项卡"形状样式"分组中选择"形状轮廓"下拉按钮；

⑤ 在弹出的下拉列表中选择"无轮廓"，以同样的方法设置形状填充为"无填充"；

⑥ 在文本框中输入所需文字，并将其设置为"微软雅黑""14号"；

⑦ 选中文本框中的文字，在"开始"选项卡"段落"分组中，单击"项目符号"下拉菜单，在下拉列表中选择"定义新项目符号"；

⑧ 在弹出的"定义新项目符号"对话框中选择"字体"选项；

⑨ 在弹出的"字体"对话框中设置"字体颜色"，单击确定即可设置项目符号颜色。

2.4 替换插入形状的图片填充

在Word中替换插入形状的图片填充如图2-20所示。

图2-20　在Word中替换插入形状的图片填充

① 选中图片后右击鼠标，选择"设置形状格式"选项；

② 在弹出的"设置图片格式"中选择设置"形状选项""填充与线条"；

③ 选中填充方式"图片或纹理填充"复选框，单击"插入"按钮；

④ 在弹出的"插入图片"对话框中选择"从文件"插入；

⑤ 选择所需插入图片"封面素材2"后单击"插入"按钮；

⑥ 在"设置图片格式"中设置图片向左偏移"0%"，向右偏移"0%"，并以同样的方式将模板中的另一个图片替换为"封面素材1"。

想一想：

为什么模板中使用以图片填充形状的方式展示图片，而不是直接插入图片？这样设置有什么好处？

2.5 插入封面图片并将图片进行组合

在Word中进行图片组合如图2-21所示。

① 插入"封面素材3""封面素材4""封面素材5"三张图片，将其设置为"浮于文字上方"，并调整其位置及大小；

② 单击其中一张图片，在"格式"选项卡"排列"分组中单击"选择窗格"，调出"选择"设置；

③ 在"选择"中左击鼠标拖动三张图片，使"封面素材3"位于最上方，达到图片效果；

④ 选中三张图片，右击鼠标，选择"组合"，将三张图片组合为一体。

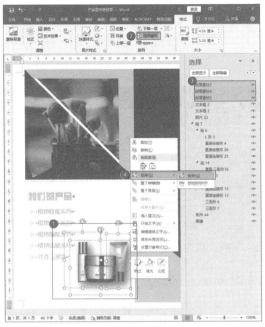

图2-21　在Word中进行图片组合

好学殿堂

　　如果要插入多张图片，在"插入图片"对话框中选择图片时先按Ctrl
键，再依次选中多张图片，然后单击"插入"按钮，即可一次插入多张
图片。

步骤3. 插入SmartArt模板制作组织结构图

使用SmartArt模板制作组织结构图目标任务完成图如图2-22所示。

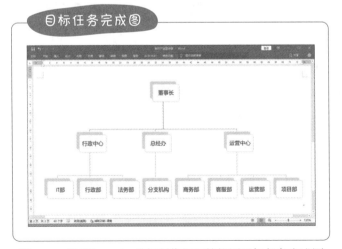

微课：
使用SmartArt
制作流程图

图2-22　使用SmartArt模板制作组织结构图目标任务完成图

议一议：

SmartArt 图形中其他类型的图形，分别适用于哪些实例之中？

3.1 将选好的模板插入文档

在 Word 中插入 SmartArt 图形见图 2-23。

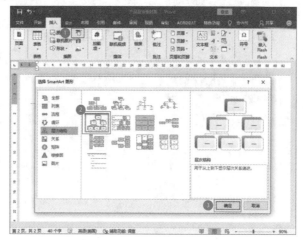

图2-23　在Word中插入SmartArt图形

① 单击"插入"选项卡"插图"分组中的 SmartArt 按钮；

② 对照所需绘制的组织结构图，在"选择 SmartArt 图形"对话框中选择结构最接近的"层次结构"；

③ 单击"确定"按钮，插入 SmartArt 图形。

3.2 调整 SmartArt 图结构

调整 SmartArt 图结构如图 2-24 所示。

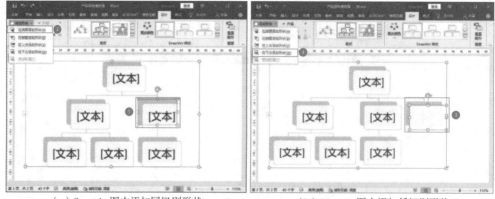

（a）SmartArt图中添加同级别形状　　（b）SmartArt图中添加低级别形状

图2-24　调整SmartArt图结构

① 选中第二排右边的图形；

② 单击"设计"选项卡"创建图形"分组中的"添加形状"下拉按钮，在下拉列表中选择"在后面添加形状"；

③ 选中新添加的第二排第三个图形；

④ 单击"设计"选项卡"创建图形"分组中的"添加形状"下拉按钮，在下拉列表中选择"在下方添加形状"。以同样的操作方式，将SmartArt图结构调整为与本步骤目标任务完成图一致。

神灯秘籍

在SmartArt图形中选择形状后，按Delete或Backspace键可以快速删除形状。

3.3 为SmartArt图添加文字

在SmartArt图形中添加文字如图2-25所示。

图2-25　在SmartArt图形中添加文字

① 单击要输入文字的图形，在图形中输入文字即可；

② 在"设计"选项卡"创建图形"分组中单击"文本窗格"；

③ 在弹出的"在此输入文字"对话框中输入相应的文字；

④ 通过"设计"选项卡"创建图形"分组中的"升级""降级""上移""下移"调整输入文字的位置和级别。

在SmartArt图形中选择形状后，按Tab键可以降低内容级别，按Shift+Tab键可以提升内容级别。

3.4 调整结构图中的图形位置

调整结构图中的图形位置如图2-26所示。

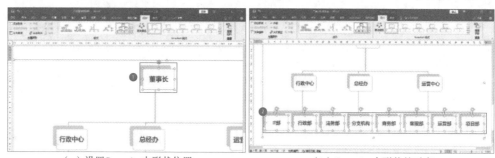

（a）设置SmartArt中形状位置　　　　　　（b）SmartArt中形状的对齐

图2-26 调整结构图中的图形位置

① 选中第一排的图形，按向上键"↑"让图形向上移动一段距离；

② 按住Ctrl键，选中最后一排图形，按向下键"↓"，让图形向下移动一段距离。

调整SmartArt结构图中的图形位置，可以灵活运用"↑""↓""←""→"4个方向键。需要注意的是，同时选中同一排的图形再按方向键，可以保证图形的移动距离相同，且水平对齐。

步骤4．美化组织结构图

美化后的组织结构图目标任务完成图如图2-27所示。

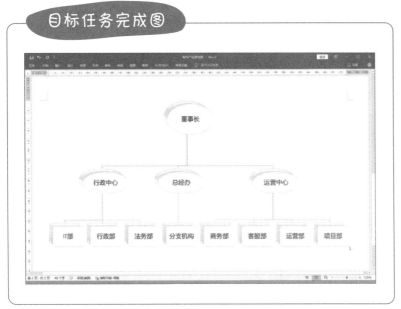

图2-27 美化后的组织结构图目标任务完成图

4.1 更改模板中的图形形状

在Word中更改SmartArt图形形状如图2-28所示。

图2-28 在Word中更改SmartArt图形形状

① 在按住 **Ctrl** 键的同时选中前两排图形；

② 单击"格式"选项卡"形状"分组中的"更改形状"下拉按钮；

③ 在下拉列表中选择"椭圆"选项，更改图形形状；

④ 选中图形后横、竖拖拽图形，调整图形的长和宽。

好学殿堂

在调整 SmartArt 图形的形状大小时，可以在选中图形后，在"格式"选项卡"大小"分组中，通过输入"宽度""高度"的值以实现更精确的调整。

4.2 利用预设的配色进行美化

更改 SmartArt 图形颜色如图 2-29 所示。

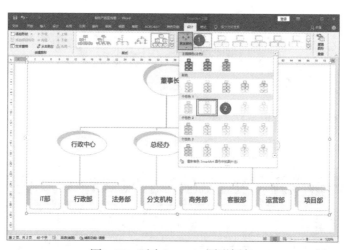

图2-29　更改SmartArt图形颜色

① 选中 SmartArt 图，单击"设计"选项卡"SmartArt 样式"分组中的"更改颜色"下拉按钮；

② 在弹出的颜色样式下拉列表中选择一种配色。

4.3 利用预设的样式进行美化

美化 SmartArt 图形样式如图 2-30 所示。

① 选中 SmartArt 图，单击"设计"选项卡"SmartArt 样式"分组中的"快速样式"下拉按钮；

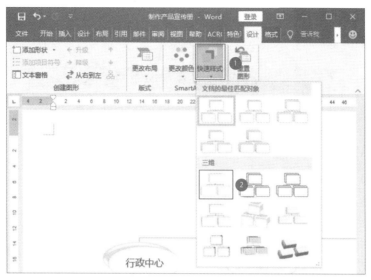

图2-30　美化SmartArt图形样式

② 在弹出的下拉列表中选择一种样式，如"三维—优雅"。

步骤5. 通过插入形状绘制工作流程图

利用图形绘制工作流程图目标任务完成图如图2-31所示。

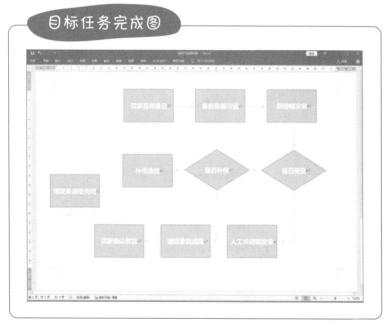

图2-31　利用图形绘制工作流程图目标任务完成图

5.1 绘制图形制作流程图

在Word中绘制基本形状如图2-32所示。

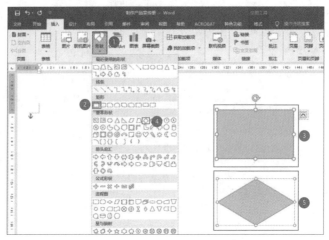

图2-32　在Word中绘制基本形状

① 单击"插入"选项卡"插图"分组下的"形状"按钮；

② 在下拉列表中选择矩形选项；

③ 在Word界面中按住鼠标左键不放，拖动绘制矩形；

④ 在下拉列表中选择菱形选项；

⑤ 在Word界面中按住鼠标左键不放，拖动绘制菱形。

神灯秘籍

　　在所需要的形状上右击鼠标，选择"锁定绘图模式"命令，可以在界面中连续绘制多个图形。当绘制完成后，按Esc键即可退出绘图状态。

5.2 对齐流程图

对齐流程如图2-33所示。

① 选中绘制的矩形，连续7次按Ctrl+D组合键，复制出另外7个矩形，以同样的方法绘制出另外1个菱形；

② 将图形拖动至与本步骤目标任务完成图位置一致后，选中第一排的3个矩形，单击"格式"选项卡"排列"分组中"对齐"下拉按钮；

③ 在下拉列表中选择"横向分布""顶端对齐"；

练一练：

　　除了对图片使用对齐操作外，还可以通过插入表格进行图文混排，使图片、文字的位置相对固定。请尝试练习使用表格对齐流程图。

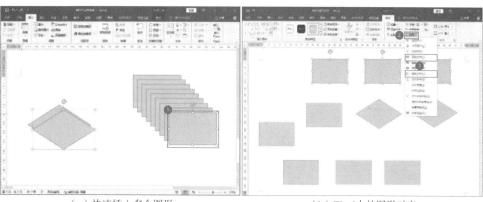

（a）快速插入多个图形　　　　　　　（b）Word中的图形对齐

图2-33　对齐流程图

④ 以同样的方法，将第二排、第三排的图形分别"横向分布""顶端对齐"。

左右互搏

　　在Word中绘制形状时，按住Ctrl键拖住绘制，可以以鼠标位置作为图形的中心点，按住Shift键可以绘制固定宽度比的形状。

5.3　绘制流程图箭头

在Word中绘制流程图箭头如图2-34所示。

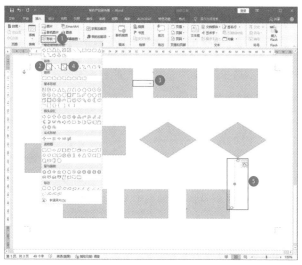

图2-34　在Word中绘制流程图箭头

① 单击"插入"选项卡"插图"分组下的"形状"按钮；

② 在下拉列表中选择"直线箭头"选项；

③ 在 Word 界面中按住鼠标左键不放，拖动绘制直线箭头；

④ 在下拉列表中选择"连接符：肘形箭头"选项；

⑤ 在 Word 界面中按住鼠标左键不放，拖动肘形箭头，鼠标左键按住箭头上的黄色点拖动不放，调整肘形箭头的形状；

⑥ 用同样的方法绘制出与本步骤目标任务完成图相同的箭头并对齐。

5.4 添加流程图文字

在图形中插入文字如图2-35所示。

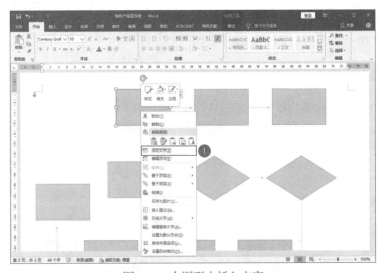

图2-35 在图形中插入文字

① 选中第一个图形，右击鼠标，选择"添加文字"选项；

② 在第一个图形中添加相应文字，以同样的方式将所有文字添加，并设置文字格式为"微软雅黑""16号""加粗""单倍行距"，段后"0磅"。

步骤6. 美化工作流程图

美化工作流程图目标任务完成图如图2-36所示。

目标任务完成图

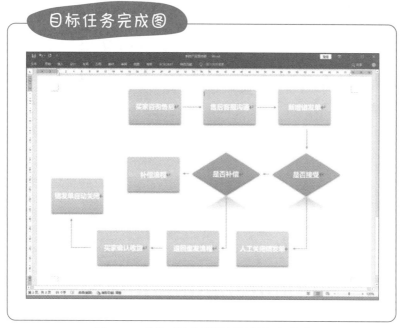

图2-36　美化工作流程图目标任务完成图

6.1 设置流程图颜色，不同类型的流程用不同的颜色

在Word中设置形状颜色如图2-37所示。

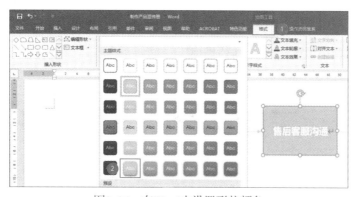

图2-37　在Word中设置形状颜色

① 按住Ctrl键选中所有矩形，单击"格式"选项卡"形状样式"分组的"其他"下拉按钮；

② 在下拉列表中选择形状样式，如"强烈效果—金色，强调颜色1"；

③ 用同样的方法，选择2个菱形后，将其设置为"强烈效果—橙色"。

6.2　为流程图形状设置阴影及效果

为流程图形状设置阴影及映像如图2-38所示。

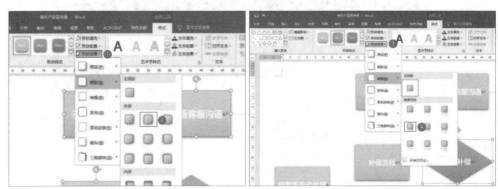

（a）在Word中设置形状阴影　　　　　　　（b）在Word中设置形状映像

图2-38　为流程图形状设置阴影及映像

① 按住Ctrl键选中所有矩形，单击"格式"选项卡"形状样式"分组中"形状效果"下拉按钮；

② 在下拉列表中选择形状效果为"阴影""偏移：下"；

③ 用同样的方法，选择2个菱形后，单击"格式"选项卡"形状样式"分组中"形状效果"下拉按钮；

④ 在下拉列表中选择形状效果为"映像""紧密映像：4磅　偏移量"。

6.3　调整箭头粗细使其指向醒目明确

在Word中设置箭头粗细如图2-39所示。

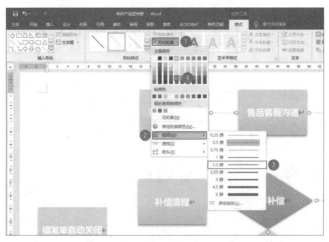

图2-39　在Word中设置箭头粗细

① 按住Ctrl键选中所有箭头，单击"格式"选项卡"形状样式"分组中"形状轮廓"下拉按钮；

② 在下拉列表中选择"粗细"选项；

③ 设置所有箭头粗细为"1.5磅"；

④ 在下拉列表中选择箭头颜色为"金色"。

 好学殿堂

　　绘制流程图时，根据流程的不同，形状的选择也不同，如矩形代表过程，菱形代表决策。在流程图中，有选择分支的地方通常会用菱形。打开"形状"下拉列表，将光标放置在"流程图"的形状上，可以看出该形状代表的含义。

步骤7. 设置文档保护

在Word中设置文档保护目标任务完成图如图2–40所示。

图2–40　在Word中设置文档保护目标任务完成图

7.1 设置文档的打开密码

在Word中设置文档的打开密码如图2-41所示。

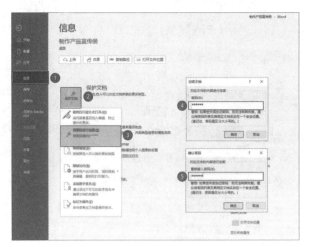

图2-41　在Word中设置文档的打开密码

① 在"文件"选项卡中选择"信息"选项；

② 在"信息"界面中单击"保护文档"下拉按钮；

③ 在下拉列表中选择"用密码进行加密"；

④ 在弹出的"加密文档"对话框中输入密码，单击"确定"；

⑤ 在弹出的"确认密码"对话框中再次输入密码，单击"确定"。

神灯秘籍

如果要取消打开密码，则再次打开"加密文档"对话框，在"密码"文本框中删除密码，然后单击"确定"按钮即可。

7.2 设置文档的修改密码

在Word中设置文档的修改密码如图2-42所示。

① 在"文件"选项卡中选择"另存为"选项，在"另存为"界面中单击"浏览"按钮；

② 在弹出的"另存为"对话框中选择文件需要保存的位置；

③ 单击"工具"下拉按钮，在下拉列表中选择"常规选项"；

④ 在弹出的"常规选项"对话框"修改文件时的密码"文本框中输入设置的修改密码；

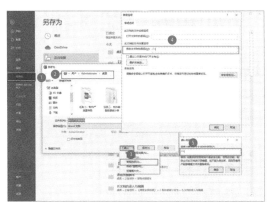

图2-42　在Word中设置文档的修改密码

⑤ 在弹出的"确认密码"对话框中再次输入密码，单击"确定"。

7.3 将Word文档转换为PDF格式

将Word文档转换为PDF格式如图2-43所示。

图2-43　将Word文档转换为PDF格式

① 在"文件"选项卡中选择"导出"选项；

② 在"导出"界面中单击"创建Adobe PDF"按钮；

③ 在弹出的"另存Adobe PDF文件为"对话框中设置文档的保存位置，单击"保存"。

好学殿堂

如果Word文档各标题设置了大纲级别，在"另存Adobe PDF文件为"对话框中单击"选项"按钮，在弹出的"Acrobat PDF Maker"对话框中勾选"创建书签""将Word标题转换为书签"复选框，则会在生成的PDF文件显示书签。

知识与技能训练

一、单项选择题

1. 右击 Word 文档中插入的图片，结果是（　　　）。

A. 将启动该图片的编辑程序

B. 将弹出环境快捷菜单

C. 将弹出"图片"工具栏

D. 将同时弹出环境快捷菜单和"图片"工具栏

2. 当用 Word 图形编辑器的基本绘图工具绘制正方形、圆或 30°、45°、60°、90°直线时，单击相应的绘图工具按钮后，必须按住（　　　）键来拖动鼠标绘制。

A. Ctrl
B. Alt
C. Shift
D. Tab

3. 在 Word 中，图片的文字环绕方式不包括（　　　）。

A. 上下型环绕
B. 紧密型环绕
C. 四周型环绕
D. 左右型环绕

4. 要想使 Word 中的图片达到镜像效果，可以选择图片后（　　　）。

A. 向右旋转 90°
B. 水平翻转
C. 向左旋转 90°
D. 垂直翻转

5. 在 Word 的编辑状态下，选择了整个表格，执行了表格菜单的"删除行"命令，则（　　　）。

A. 一行文字输入完毕并回车
B. 按 Tab 键
C. 文字输入超过页面右边界
D. 每次按回车键

二、多项选择题

1. 在 Word 中能够进行翻转或旋转的对象有（　　　　　）。

A. 表格
B. 文本框
C. 图片
D. 图形

2. 在 Word 中图片剪裁为矩形的默认纵向纵横比有（　　　　　）。

A. 2 : 3
B. 3 : 4
C. 3 : 5
D. 4 : 5

3. 将图片设置为（　　　　　　　）环绕方式可以设置图片与正文之间的距离。

A. 嵌入型　　　　　　　　　　B. 四周型

C. 紧密型　　　　　　　　　　D. 穿越型

4. 在 Word 中利用"绘图"工具栏中的"矩形"按钮绘制出一个矩形后，该矩形的（　　　　　）能改变。

A. 大小　　　　　　　　　　　B. 位置

C. 线条粗细　　　　　　　　　D. 形状

5. 以下关于模板的知识，正确的是（　　　　　　）。

A. 可以将文档保存为模板　　　B. 可以使用内置模板

C. 可以使用自己设置的模板　　D. 模板是一群样式的集合

三、判断题

1. 使用"图片"工具栏中的裁剪工具后，被裁剪的部分无法恢复。（　　　）

2. 文本框是一种特殊的文本对象，既可以当作"图形对象"处理，也可以当作"文本对象"处理。

3. SmartArt 图形不需要修改即可满足所有需求。（　　　）

4. 在 SmartArt 中按 Tab 键可提升内容级别，按 Shift+Tab 组合键可降低内容级别。（　　　）

5. 在 Word 中可以更改选定的"艺术字"的大小和颜色等格式。（　　　）

任务三

制作销售
数据统计表

⊢ **知识目标**

⊙ 掌握工作表数据的编辑与美化等基本操作
⊙ 掌握数据的排序、筛选、分类汇总等各项数据管理功能
⊙ 掌握Excel公式编辑与常用函数的使用
⊙ 掌握页面设置与打印的方法

⊢ **技能目标**

⊙ 能够熟练运用Excel基本操作对表格进行编辑与美化
⊙ 能够利用Excel中的排序、筛选、分类汇总等功能对数据进行分析
⊙ 能够运用公式和函数快速完成计算
⊙ 能够根据所需打印美观的Excel工作表格

任务介绍

　　通过制作销售数据统计表，系统学习如何使用Excel对表格进行编辑与美化，掌握如何使用排序、筛选和分类汇总等功能对数据进行分析，以及Excel中公式与函数的使用方法。

面临问题

➢　在单元格中录入身份证号等长数据时，为何显示不全？

➢　查看各地区的销售表时，怎样汇总数据并提高查看效果？

➢　Excel中包含哪些函数，各有何作用，怎么用？

➢　打印出来的工作表要有页眉和页脚，如何添加？

素材介绍

　　本任务需要使用素材"销售数据统计表"进行操作，表中包含销售产品、销售区域、销售员姓名等13列数据，共有数据636条。

商业知识：如何进行商务数据分析？

商务数据是指用户在购买产品的过程中，网站记录用户行为的大量数据，包括基于电子商务平台的基础数据、基于电子商务专业网站的研究数据，以及基于电子商务媒体的报道和评论数据等。

数据分析是指利用适当的统计方法对收集来的数据进行分析，将它们汇总、理解并消化，以求最大化开发数据的功能，发挥数据的作用。数据分析是为了提取有用信息及形成结论而对数据进行详细研究和概括总结的过程。

一、商务数据的分类

1. 商品数据

在进行电子商务活动之前，各企业、商家将商品的相关数据录入电子商务平台数据库中，使其在网页中呈现出来。一般来说，商品数据在一定时期内是相对稳定的。

商品数据主要包括商品分类、商品品牌、商品价格、商品规格、商品展示等相关数据，主要有文字描述、具体数值、图片等数据格式。采集商品数据的目的主要是获取不同类型、颜色、型号的产品对销售量和销售额的影响，以便企业或商家调整运营策略，实施销售计划。

2. 客户数据

目前，访问各大电子商务平台均需客户注册，其中不乏用户的隐私信息，如联系电话、电子邮件和通信地址等。同时，通过线上交易、线下物流，电子商务平台可以获取更完整的客户数据，主要包括姓名、性别、年龄等内在属性数据，所在城市、教育程度、工作单位等外在属性数据，消费频率、购物金额等业务属性数据。了解客户的过程实际上是为用户打上不同标签并将其分类的过程，对这些数据的采集有利于商家分析客户消费行为和消费倾向等特征。

悟一悟：

作为可以接触到核心数据的人员，要恪守"客户资料保密"的职业操守，不得不经授权或允许随意向第三方泄露客户信息。

3. 交易数据

当客户在电子商务平台上产生购买行为之后，其交易数据包括购买时间、购买商品、购买数量、支付金额、支付方式等。采集交易数据主要是为了通过数据分析评估客户价值，将潜在客户变为现实客户。电子商务网络营销的主要目的是促进商品销售，因此商家可根据客户对商品的购买情况，对当前与该商品相关的营销策略的实施效果进行评价，以便进行相关调整。

4. 评价数据

评价数据是指消费者在购买商品后，在互联网上分享自己的购物体验。这些评价数据主要以文本的形式体现，包含商品品质、客户服务、物流服务等方面的内容。采集评价数据可以帮助商家更好地与客户进行沟通，了解需求，完善产品，提高服务质量。

二、商务数据的作用

与其他类型的数据相比，商务数据信息的记录更加全面，可以反映当前用户的行为以及在某一时间段内用户和商家行为的变化情况，商务数据分析可以帮助企业和个人商家监测行业竞争，提升客户关系，指导精细化运营。

1. 监测行业竞争

企业和个人可以通过商务数据分析行业信息，掌握行业现状、行业发展趋势和竞争情况，全面客观地剖析当前行业发展的总体市场规模、竞争格局、市场需求特征等，进行行业重点企业的产销运营分析，并根据各行业的发展轨迹及实践经验，对各行业未来的发展趋势做出准确分析与预测，以便把握市场机会，明确企业发展方向，做出正确的投资决策。商务数据还可以监测竞争对手的动态，如新品发布、舆论舆情、促销活动等，通过分析监测结果，企业能判断行业现状和竞争格局。

2. 提升客户关系

商务数据可以帮助企业和个人共享用户信息，提高用户忠诚度并促进企业组织变革。企业通过建立商务数据库，可以让销售环节中的每位员工都能得到自己需要的用户信息，让员工和用户的沟通效率更高，提高成交率。企业通过分析商务数据中的评论、用户意见、评测等内容，了解用户真实反馈，建立用户体验管理系统，解决用户问题，提高用户满意度和用户忠诚度。企业还可以通过商务数据分析，建立用户画像，快速分配各类用户到指定对接部门，量化绩效考核，促进组织变革。

3. 指导精细化运营

商务数据可以帮助企业和个人获得每个用户的具体属性和用户行为画像。根据数据分析得到的用户画像，企业可以细分目标用户群，对每类细分目标用户进行有针对性的运营活动。商务数据可以帮助企业对用户的生命周期进行管理和挖掘，并针对不同生命周期的用户实施标签化管理，从而有效并及时地向用户推送有针对性的信息。同时，企业可以通过商务数据分析进行部门经营情况的评估、内部员工的管理、生产流程的监管、产品结构优化与新产品开发、财务成本优化、市场结构分析和客户关系管理。

三、商务数据分析的过程

1. 明确分析目的与内容

数据分析的第一步就是确定选题，明确数据分析目的。只有明确了数据分析目的，在开展数据分析工作时才不会偏离方向，否则得出的数据分析结果不仅没有指导意义，而且有可能将决策者引入歧途，造成严重后果。明确数据分析的目的和内容是确保数据分析过程有效进行的先决条件，它可以为数据收集、处理、分析提供清晰的方向。

2. 数据收集

数据收集是按照确定的数据分析内容，从多渠道收集相关数据的过程，它为数据分析提供了素材和依据。数据的获取渠道大致可分为两类：直接获取与间接获取。直接获取的数据也称为第一手数据，是指通过统计调查或科学实验得到的直接的统计数据。间接获取的数据也称为第二手数据，主要是指通过查阅资料、使用数据统计工具整理后得到的数据。

3. 数据处理

数据处理是指对收集到的数据进行加工整理，形成适合数据分析的样式的过程。它是数据分析前必不可少的阶段。数据处理的基本目的是从大量杂乱无章、难以理解的数据中抽取并推导出对解决问题有价值、有意义的数据。数据处理是数据分析的前提，对有效数据进行分析才有意义。

4. 数据分析

数据分析主要是指通过统计分析或数据挖掘技术对处理过的数据进行分析和研究，从中发现数据的内部关系和规律，为解决问题提供参考。在确定数据分析的目的和内容阶段，数据分析师就应当为所分析的内容确定适合的数据分析方法，这样数据分析才能更有效。

数据分析大多是通过软件来完成的，一般的数据分析可以通过Excel完成，这就要求数据分析师不仅要掌握各种数据分析方法，而且要熟悉主流数据分析软件的操作方法。

5. 数据展示

一般情况下，数据是通过表格或图形的方式来呈现的，人们常说的"用图表说话"就是这个意思。常用的数据图表包括饼图、柱形图、条形图、折线图、散点图、雷达图等。当然，还可以对这些图表进一步整理加工，使之成为如金字塔图、矩阵图、漏斗图、帕累托图等所需要的图形。

6. 报告撰写

数据分析报告是对整个数据分析过程的总结与呈现。数据分析报告可以把数据分析的起因、过程、结果及建议完整地呈现出来，以供决策者参考。因此，数据分析报告是通过对数据全方位的科学分析来评估企业运营质量的，它可以为决策者提供科学、严谨的决策依据，以降低企业的运营风险，提高企业的核心竞争力。

软 件 应 用

一、软件介绍

Microsoft Office Excel（简称Excel）是一款电子表格处理软件。直观的界面、出色的计算功能和图表工具，再加上成功的市场营销，使Excel成为最流行的个人计算机数据处理软件。Excel内置了多种函数，可以对大量数据进行分类、排序甚至绘制图表等操作，掌握Excel就可以成倍提高工作效率。

二、界面介绍

Excel与Word的界面既有相似之处，又有不同之处，Excel界面中也有快速访问工具栏、标题栏等组成部分，其不同之处在于编辑区，下面对Excel界面独有的组成部分进行介绍，Excel界面的内容构成及其功能分别如图3-1和表3-1所示。

图3-1　Excel界面的内容构成

表3-1　Excel界面的功能表

名称	作用
快速访问工具栏	单击倒三角，可以自定义添加经常使用的工具，方便日常快速使用
标题栏	显示当前数据文档的名称
功能区	包含各个选项卡，每个选项卡内又根据功能分为不同的组
名称框	可以确定当前单元格所在的位置
公式编辑区	可以显示当前编辑状态下的单元格内容
工作区	可以录入与编辑内容
工作表的标签栏	显示当前Excel文件中的各个工作表，当选中数据后，右下角的状态栏显示选中数据的平均值、计数、求和等内容

三、功能介绍

1. 单元格格式设置

常用的单元格格式类型有常规、数字、货币、会计专用、日期、时间、百分比、分数、科学计数、文本、特殊和自定义等，每种格式的说明如表3-2所示。

表3-2　Excel中单元格格式说明

格式	说明
常规	键入数字时Excel应用的是默认数字格式。在多数情况下，设置为"常规"格式的数字即以键入的方式显示。然而，如果单元格的宽度不够显示整个数字，则"常规"格式将对带有小数点的数字进行四舍五入。"常规"数字格式还对较大的数字（12位或更多）使用科学计数（指数）表示法
数字	用于数字的一般表示。可以设置要使用的小数位数、是否使用千位分隔符，以及如何显示负数
货币	用于一般货币值并显示带有数字的默认货币符号。可以指定要使用的小数位数、是否使用千位分隔符，以及如何显示负数
会计专用	用于货币值，但是它会在一列中对齐货币符号和数字的小数点
日期	根据指定的类型和区域设置（国家/地区），将日期和时间序列号显示为日期值
时间	根据指定的类型和区域设置（国家/地区），将日期和时间序列号显示为时间值
百分比	将单元格值乘以100，并将结果与百分号（%）一同显示。可以指定要使用的小数位数
分数	根据所指定的分数类型，以分数形式显示数字
科学记数	以指数计数法显示数字，将其中的一部分数字用E+n代替，其中，E（代表指数）指将前面的数字乘以10的n次幂。例如，2位小数的"科学记数"格式将12345678901显示为1.23 E+10，即用1.23 乘以10的10次幂。可以指定要使用的小数位数
文本	将单元格的内容视为文本，并在键入时准确显示内容，即使键入数字也是如此
特殊	将数字显示为邮政编码、电话号码或社会保险号码
自定义	能够修改现有数字格式代码的副本。使用此格式可以创建添加到数字格式代码列表中的自定义数字格式。可以添加200～250个自定义数字格式

2. Excel中的公式

Excel中的公式是对工作表中的数据进行计算和操作的等式，它由等号和表达式两部分组成，表达式包含如图3-2所示的所有内容或其中之一。

图3-2　Excel中公式的构成

① 引用，显示A2则返回单元格A2中的值，表3–3列举了可能出现的情况。

表3–3　Excel公式中的各类引用

若要引用	使用
列A和行10交叉处的单元格	A10
列A中行10到行20之间的单元格区域	A10：A20
在行15中列B到列E之间的单元格区域	B15：E15
行5中的全部单元格	5：5
行5到行10之间的全部单元格	5：10
列H中的全部单元格	H：H

② 常量，直接输入到公式中的数字或者文本值。

③ 运算符，"^"表示数字的乘方，"*"表示数字的乘积。运算符的优先级与数学中的内容相一致。

④ 函数，"PI（ ）"表示生成派的函数。

3. Excel中的函数

根据功能不同，将函数可分为11种类型。在使用函数的过程中，一般依据这个分类定位，然后选择合适的函数，因此，学习函数知识必须了解函数的分类。

① 财务函数：Excel中提供了非常丰富的财务函数，使用这些函数可以完成大部分财务统计和计算。例如，DB函数可返回固定资产的折旧值，IPMT函数可返回投资回报的利息部分等。财务人员如果能够正确、灵活地使用Excel财务函数，能大大减轻日常工作中有关指标计算的工作量。

② 逻辑函数：该类型的函数只有7个，用于测试某个条件，返回逻辑值TRUE或FALSE。在数值运算中，TRUE=1，FALSE=0；在逻辑判断中，0=FALSE，所有非0数值=TRUE。

③ 文本函数：是指在公式中处理文本字符串的函数，主要功能包括截取、查找或搜索文本中的某个特殊字符或提取某些字符，也可以改变文本的编写状态。例如，TEXT函数可将数值转换为文本，LOWER函数可将文本字符串的所有字母转换成小写形式等。

④ 日期和时间函数：用于分析或处理公式中的日期和时间值。例如，TODAY函数可以返回当前系统日期。

⑤ 查找与引用函数：用于在数据清单或工作表中查询特定的数值，或某个单元格引用的函数，常见的示例是税率表。例如，使用VLOOKUP函数可以确定某一收入水平的税率。

⑥ 数学和三角函数：该类型函数很多，主要运用于各种数学计算和三角计算。例如，RADIANS函数可以把角度转换为弧度等。

⑦ 统计函数：这类函数可以对一定范围内的数据进行统计学分析。例如，可以计算统计数据，如平均值、模数和标准偏差等。

⑧ 工程函数：这类函数常用于工程应用中，可以处理复杂的数字，在不同的计数体系和测量体系之间转换。例如，可以将十进制数转换为二进制数。

⑨ 多维数据集函数：用于返回多维数据集中的相关信息，例如，返回多维数据集中成员属性的值。

⑩ 信息函数：这类函数有助于用户确定单元格中数据的类型，还可以使单元格在满足一定条件时返回逻辑值。

⑪ 数据库函数：用于对存储在数据清单或数据库中的数据进行分析，判断其是否符合某些特定的条件。这类函数在需要汇总符合某一条件的列表中的数据时十分有用。

任　务　操　作

任务导图

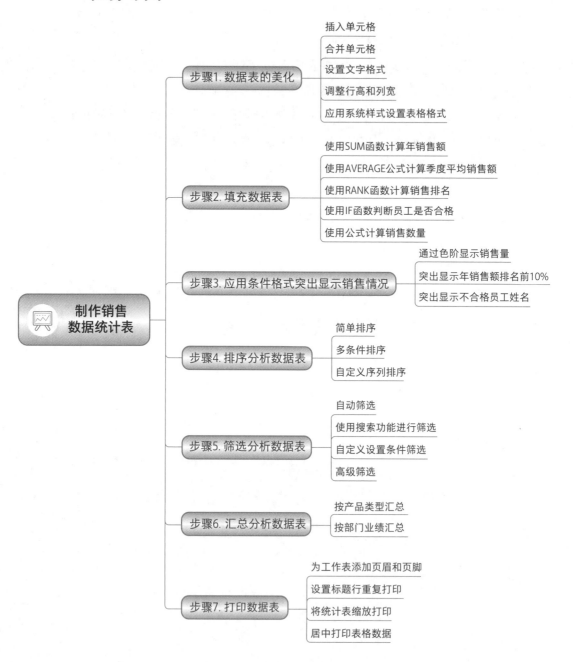

操作步骤

步骤 1. 数据表的美化

美化后的数据表目标任务完成图如图3–3所示。

微课：
表格的创建与编辑

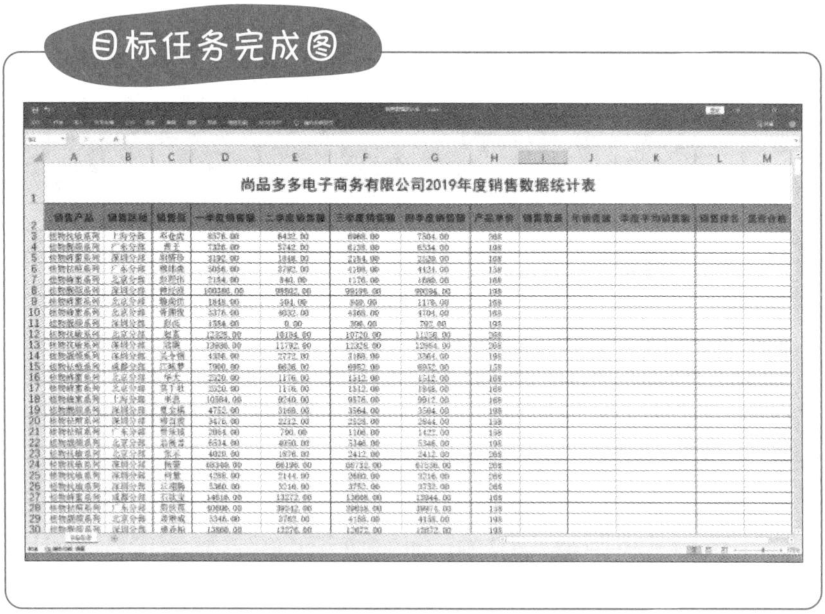

图3–3　美化后的数据表目标任务完成图

1.1 插入单元格

在Excel中插入单元格如图3–4所示。

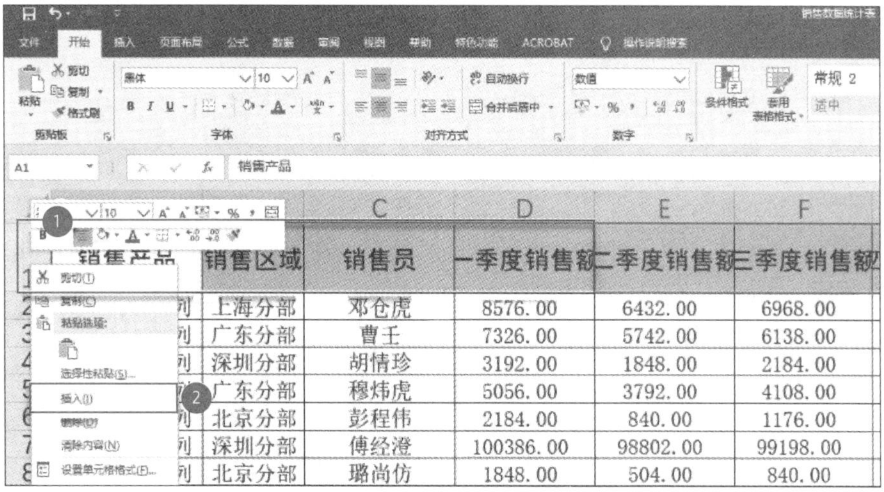

图3–4　在Excel中插入单元格

① 将鼠标移动到第一行第一个单元格左边，当其变成黑色箭头时，单击鼠标左键选中第一行数据，然后单击鼠标右键。

② 在弹出的快捷菜单中选择"插入"命令，在第一行上方新建一行数据。

1.2 合并单元格

在Excel中合并单元格如图3-5所示。

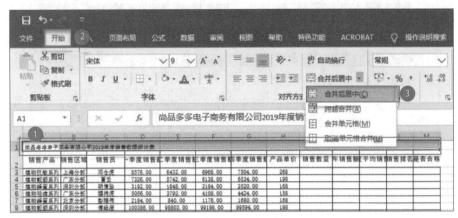

图3-5　在Excel中合并单元格

① 在A1单元格中输入表格标题后，拖动鼠标选中A至M列；

② 选择"开始"选项卡；

③ 在"对齐方式"分组中单击"合并后居中"下拉按钮；在下拉列表中选择"合并后居中"。

好学殿堂

在Excel中，除了最后一行或者最后一列，一般要尽量避免合并单元格的出现，就算是标题，也最好放在工作表标签中显示，以避免在筛选、排序、计算、插入行列等操作中产生不必要的麻烦。但是如果为了美观，非要加上标题行，也尽量不要用合并单元格居中的方式显示，最好采用跨列居中的功能。

以"销售数据统计表"为例，拖动鼠标选中A至M列，右击鼠标，选择"设置单元格格式"选项，在"对齐"组中，水平对齐设置为"跨列居中"，即可实现通过标题居中显示但是没有用到合并单元格的效果。

1.3 设置文字格式

在Excel中设置文字格式如图3-6所示。

图3-6 在Excel中设置文字格式

① 选中标题单元格;

② 在"开始"选项卡"字体"分组中,设置标题文字字体为"黑体",字号为"16"号字;

③ 在"开始"选项卡"对齐方式"分组中,设置标题对齐方式为"垂直居中"。

1.4 调整行高和列宽

在Excel中调整行高和列宽,如图3-7所示。

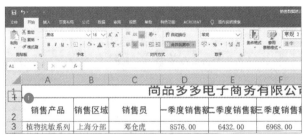

(a)在Excel中调整行高

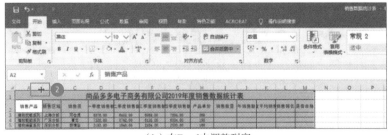

(b)在Excel中调整列宽

图3-7 在Excel中调整行高和列宽

① 将鼠标指针移动到标题行下方的边框线上，当它变为黑色双向箭头时，按住鼠标左键不放向下拖动，直至合适的行高；

② 使用鼠标全选 A 至 M 列，将鼠标指针移动到 A 列和 B 列之间的边框线上，当它变为黑色双向箭头时，双击鼠标左键，数据列会根据文字宽度自动调整列宽。

神灯秘籍

若要设置行高和列宽为具体的数据，可选中行或列，单击鼠标右键选择"行高"或"列宽"，在弹出对话框中输入具体数值即可。

1.5 应用系统样式设置表格格式

应用系统样式设置表格格式如图3-8所示。

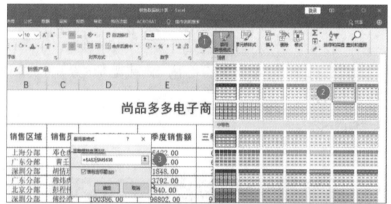

（a）在Excel中应用系统样式设置表格格式

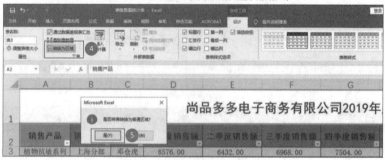

（b）在Excel中转换区域类型

图3-8 应用系统样式设置表格格式

① 选中任意单元格，单击"开始"选项卡"样式"分组中的"套用表格格式"下拉按钮；

② 选择一种表格样式"蓝色，表样式浅色13"；

③ 在弹出的"套用表格式"对话框中，修改表格区域范围为"=$A$2：$M$638"；

④ 单击"设计"选项卡"工具"分组中的"转换为区域"按钮；

⑤ 在弹出的对话框中单击"是"，将套用表格样式区域转换为普通区域，便于后续操作。

步骤2. 填充数据表

填充后的数据表目标任务完成图如图3-9所示。

微课：
使用公式和
函数

图3-9　填充后的数据表目标任务完成图

2.1 使用SUM函数计算年销售额

使用SUM函数计算年销售额如图3-10所示。

① 选择"年销售额"下面的第一个单元格J3，表示要将求和结果放在此处；

② 单击"公式"选项卡"函数库"分组中"自动求和"下拉按钮，在下拉列表中选择"求和"；

③ 将虚线框中的数据选择为需要求和的区域"D3：G3"，按下Enter键；

④ 完成第一个年销售额后，将鼠标指针移动到该单元格右下方，当其变为黑色十字形时双击鼠标左键，通过填充柄即可使J列所有需要计算年销售额的单元格均完成计算。

（a）使用SUM函数对年销售额求和

（b）使用填充柄复制函数

图3-10 使用SUM函数计算年销售额

 左右互搏

求和快捷键：Alt+"="

2.2 使用AVERAGE公式计算季度平均销售额

使用AVERAGE公式计算季度平均销售额如图3-11所示。

图3-11 使用AVERAGE公式计算季度平均销售额

① 选择"季度平均销售额"下面的第一个单元格K3；

② 单击"公式"选项卡"函数库"分组中"自动求和"下拉按钮，在下拉列表中选择"平均值"；

③ 将虚线框中的数据选择为需要求和区域"D3：G3"，按下Enter键；

④ 使用快速填充将"季度平均销售额"列补充完整。

2.3 使用RANK函数计算销售排名

使用RANK函数计算销售排名如图3-12所示。

（a）使用RANK函数进行销售排名

（b）设置单元格格式

图3-12　使用RANK函数计算销售排名

① 在"销售排名"下面的第一个单元格L3中输入"=rank（K3，K\$3：K\$638）"，按下Enter键完成计算；

② 使用快速填充将"销售排名"列补充完整，然后右击鼠标，选择"设置单元格格式"选项；

③ 在弹出的"设置单元格格式"对话框中选择"数值"格式；

④ 设置小数位数为"0"位，单击确定。

练一练：
　　尝试在公式中利用绝对引用，制作九九乘法表。

神灯秘籍

公式中的"$"符号表示绝对引用，目的是将公式填充到下面的单元格后，也能保持K3：K638单元格引用区域不发生改变。

2.4 使用IF函数判断员工是否合格

使用IF函数判断员工是否合格如图3-13所示。

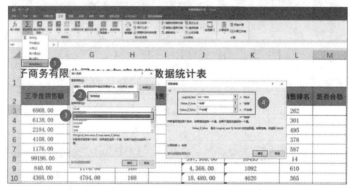

图3-13 使用IF函数判断员工是否合格

议一议：

如果是否合格的标准是：低于1 500为不合格，1 500 ～ 10 000为合格，高于10 000为优秀，那么IF函数应该如何设置参数呢？

① 选择"是否合格"下面的第一个单元格M3，单击"公式"选项卡"函数库"分组中"自动求和"下拉按钮，在下拉列表选择"其他函数"；

② 在弹出的"插入函数"中选择函数类别为"常用函数"；

③ 选择函数"IF"函数；

④ 在弹出的"函数参数"对话框中，设置第一个参数为"K3>1500"，第二个参数为""合格""，第三个参数为""不合格""，单击"确定"，即可设置"季度平均销售额"大于1 500的员工为合格，小于1 500的员工为不合格。[①]

⑤ 使用快速填充将"是否合格"列补充完整。

---

① 由于 Excel 图表中显示的数值均不带单位，因此本书正文中引用的数字均省略了相关单位。

好学殿堂

如果想要了解公式的使用方法，可以在Excel中按F1键调出"帮助"，在"特别推荐的帮助"栏中，单击所有函数，就会显示出Excel中的所有函数。每个函数的说明、语法、示例等均有列举。

2.5 使用公式计算销售数量

使用公式计算销售数量如图3-14所示。

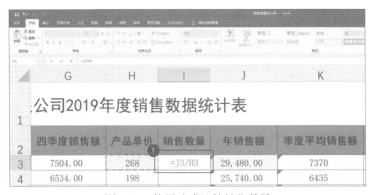

图3-14 使用公式计算销售数量

① 在"产品单价"下面的第一个单元格H3中输入"=J3/H3"，按下Enter键完成计算；

② 使用快速填充将"产品单价"列补充完整。

步骤3. 应用条件格式突出显示销售情况

突出显示销售情况目标任务完成图如图3-15所示。

目标任务完成图

图3-15 突出显示销售情况目标任务完成图

3.1 通过色阶显示销售量

通过色阶显示销售量如图3-16所示。

图3-16 通过色阶显示销售量

① 选择"销售量"列；

② 在"开始"选项卡"样式"分组的"条件格式"下拉列表中选择"色阶"选项；

③ 在色阶列表中选择一种色阶颜色，即可不用细看销售量分数大小，通过颜色快速对比不同员工的销售情况。

3.2 突出显示年销售额排名前10%

突出显示年销售额排名前10%，如图3-17所示。

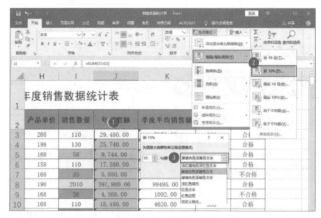

图3-17 突出显示年销售额排名前10%

① 选择"年销售额"列；

② 在"开始"选项卡"样式"分组的"条件格式"下拉列表中选择"最前/最后规则"选项；

③ 在级联列表中选择"前10%……";

④ 在弹出的"前10%"设置中设置年销售额在前10%的数据单元格格式为"黄填充色深黄色文本"。

3.3 突出显示不合格员工姓名

突出显示不合格员工姓名如图3-18所示。

图3-18　突出显示不合格员工姓名

① 选择"年销售额"列，在"开始"选项卡"样式"分组的"条件格式"下拉列表中选择"新建规则";

② 在弹出的"新建格式规则"中选择规则类型为"使用公式确定要设置格式的单元格";

③ 为符合此公式的值设置格式为"=M3="不合格"";

④ 单击"格式"按钮，设置符合条件的单元格的格式;

⑤ 设置字体为"红色"，单击"确定"，则所有不合格员工姓名将显示为红色。

神灯秘籍

应用条件格式对单元格数据更改显示状态后，如果不满意规则设置，可以更改规则。方法是选择"条件格式"下拉列表中的"管理规则"选项，打开"条件格式管理规则器"，对选择表格中建立的规则进行更改。既可以更改规则所适用的单元格区域，也可以更改数值在不同状态下的显示方式。

步骤4. 排序分析数据表

排序分析数据表目标任务完成图如图3-19所示。

图3-19　排序分析数据表目标任务完成图

4.1 简单排序

Excel中的简单排序如图3-20所示。

图3-20　Excel中的简单排序

① 选中表格中除标题外的任一单元格，在"数据"选项卡"排序和筛选"分组中选择"排序"；

② 在弹出的"排序"对话框中，设置主要关键词为"销售数量"，次序为"降序"，工作表即可以销售数量降序展示。

神灯秘籍

在Excel排序分析中，除了选择以数据大小（数值）为依据进行排序外，还可以选择以"单元格颜色""字体颜色""单元格图标"为依据进行排序。

4.2 多条件排序

Excel中的多条件排序如图3-21所示。

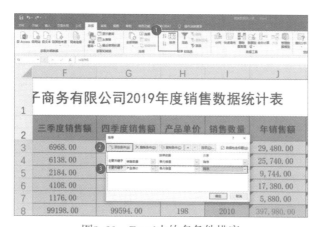

图3-21　Excel中的多条件排序

① 选中表格中除标题外的任一单元格，在"数据"选项卡"排序和筛选"分组中选择"排序"；

② 在弹出的"排序"对话框中，单击"添加条件"；

③ 设置主要关键词为"销售数量"，次序为"降序"，设置次要关键字为"产品单价"，次序为"降序"。

神灯秘籍

想要删除已有排序，在"排序"对话框中，选择要删除的条件后，单击"删除条件"按钮即可。

4.3 自定义序列排序

Excel中的自定义序列排序如图3-22所示。

图3-22 Excel中的自定义序列排序

① 选中表格中任一单元格，在"数据"选项卡"排序和筛选"分组中选择"排序"；

② 在弹出的"排序"对话框中，设置主要关键词为"销售区域"；

③ 单击"次序"下拉按钮，在下拉列表中选择"自定义序列"选项；

④ 在弹出的"自定义序列"对话框中，在"输入序列"文本框中输入"北京分部，上海分部，成都分部，深圳分部，广东分部"，其中分隔的逗号需使用半角符号；

⑤ 单击"添加"，添加自定义序列后，单击"确定"。

好学殿堂

Excel数据排序不一定要按照"列"数据进行排序，还可以进行"行"数据排序，方法是：单击"排序"对话框中的"选项"按钮，选择方向为"按行排序"。同样，在"选项"对话框中还可以选择"字母排序""笔画排序"。

步骤5. 筛选分析数据表

筛选分析数据表目标任务完成图如图3-23所示。

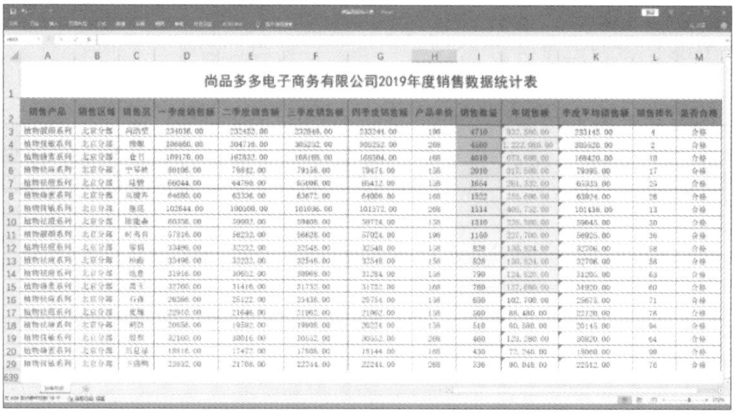

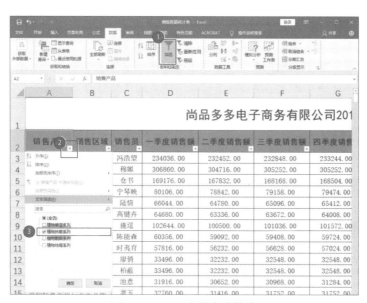

图3-23　筛选分析数据表目标任务完成图

5.1 自动筛选

Excel中的自动筛选如图3-24所示。

图3-24　Excel中的自动筛选

① 选中表格中任一单元格，在"数据"选项卡"排序和筛选"分组中选择"筛选"，工作表进入筛选状态；

② 各标题字段右侧出现筛选按钮，单击"销售产品"旁边的按钮；

③ 在弹出的下拉列表中，选择需要显示的字段"植物抗敏系列"。

5.2 使用搜索功能进行筛选

在 Excel 中使用搜索功能进行筛选如图 3-25 所示。

图3-25　在Excel中使用搜索功能进行筛选

想一想：

如果只想筛选出姓"张"的销售员，应该在搜索框中如何输入？

① 在筛选状态下，单击"销售员"单元格的筛选按钮；

② 在搜索框中输入搜索内容"张"，即可显示所有名字中带"张"的销售员。

神灯秘籍

完成筛选后，若想要显示所有数据，但不退出筛选状态，可以在"开始"选项卡"排序和筛选"分组中单击"清除"按钮。若想退出筛选状态，则单击"筛选"按钮即可。

好学殿堂

　　筛选时如果不能明确指定筛选的条件，可以使用通配符进行模糊筛选。常见的通配符有"?"和"*"，其中"?"代表单个字符，"*"代表任意多个连续字符。

5.3 自定义设置条件筛选

在Excel中自定义设置条件筛选如图3-26所示。

图3-26　在Excel中自定义设置条件筛选

① 在筛选状态下，单击"销售数量"单元格的筛选按钮；

② 在下拉列表中选择"数字筛选"选项；

③ 选择"大于或等于"选项；

④ 在弹出的"自定义自动筛选方式"对话框中输入"500"，即可筛选出销售数量大于或等于500的工作表。

神灯秘籍

　　如果要对双行标题的工作表进行筛选，可以单击行号选中第二行标题，然后单击"筛选"按钮即可，如图3-27所示。

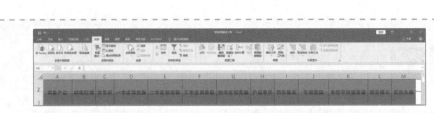

图3-27 在Excel中对双行标题工作表进行筛选

5.4 高级筛选

Excel中的高级筛选如图3-28所示。

图3-28 Excel中的高级筛选

① 在数据区域下方创建一个筛选条件；

② 在"数据"选项卡"排序和筛选"分组中选择"高级"；

③ 在弹出的"高级筛选"对话框中，设置列表区域为"$A$2：$M$638"，在条件区域为①中创建区域"$E$641：$F$642"，单击"确定"，即可筛选出北京分部销售排名前100名的所有数据。

 好学殿堂

高级筛选中的条件是由名称字段和条件表达式组成的，首先在数据下方空白单元格中输入要作为筛选条件的字段名称，改字段名必须与进行筛选的列表区中的列标题名称完全相同，然后在其下方的单元格中输入条件表达式。筛选条件中的值在同一行表示"且"的关系，在不同行表示"或"的关系。

步骤6. 汇总分析数据表

汇总分析数据表目标任务完成图如图3-29所示。

图3-29　汇总分析数据表目标任务完成图

6.1 按产品类型汇总

在Excel中按产品类型汇总如图3-30所示。

（a）在Excel中按销售产品进行排序

（b）在Excel中按产品类型汇总

图3-30　按产品类型汇总

① 在"数据"选项卡"排序和筛选"分组中选择"排序";

② 在弹出的"排序"对话框中,设置主要关键词为"销售产品",次序为"升序;

③ 单击"数据"选项卡"分类显示"分组中的"分类汇总";

④ 在弹出的"分类汇总"对话框中选择分类字段为"销售产品";

⑤ 选择汇总方式为"求和";

⑥ 选定汇总项为"销售额",单击"确定",此时就按不同销售产品的销售量进行了汇总。

神灯秘籍

完成分类汇总后,若想要删除,可以在"开始"选项卡"分级显示"分组中单击"分类汇总",在弹出的"分类汇总"对话框中单击"全部删除",即可删除已有分类汇总。

6.2 按部门业绩汇总

按部门业绩汇总如图3-31所示。

(a)在Excel中自定义排序销售区域

(b)在Excel中按部门业绩汇总

图3-31　按部门业绩汇总

① 对"销售区域"以"北京分部，上海分部，成都分部，深圳分部，广东分部"顺序进行自定义排序；

② 对表格数据进行分类汇总，分类字段为"销售区域"，选择汇总方式为"求和"；

③ 选定汇总项为"一季度销售额""二季度销售额""三季度销售额""四季度销售额"；

④ 单击汇总区域左上角的数字按钮"2"，查看第2级汇总结果。

步骤7. 打印数据表

打印数据表目标任务完成图如图3-32所示。

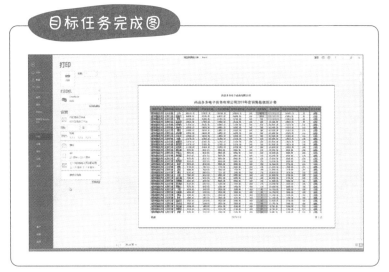

图3-32　打印数据表目标任务完成图

7.1 为工作表添加页眉和页脚

为工作表添加页眉和页脚并设置页脚样式如图3-33所示。

（a）在Excel中为工作表添加页眉和页脚

（b）在Excel中设置页脚样式

图3-33　为工作表添加页眉和页脚并设置页脚样式

① 在"插入"选项卡"文本"分组中选择"页眉和页脚"；

② 进入页眉和页脚编辑状态，在页眉框中输入页眉内容；

③ 单击"设计"选项卡"页眉和页脚"分组中的"页脚"下拉按钮，选择一种页脚样式。

7.2 设置标题行重复打印

在Excel中设置标题行重复打印如图3-34所示。

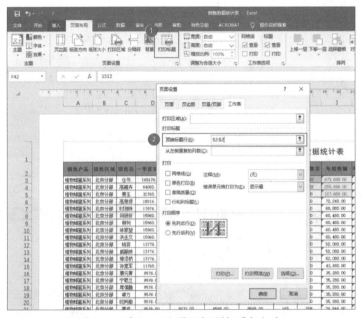

图3-34　在Excel中设置标题行重复打印

① 单击"页面布局"选项卡"页面设置"分组中的"打印标题";

② 在弹出的"页面设置"对话框中,将顶端标题行设置为"$2:$2"。

好学殿堂

对于设置了列标题的大型表格,还需要设置标题列,方法是:选择"打印标题"选项,在"页面设置"对话框中将"左端标题列"设置为工作表中的标题列即可。

7.3 将统计表缩放打印

在Excel中将统计表缩放打印如图3-35所示。

图3-35 在Excel中将统计表缩放打印

① 在"视图"选项卡"工作簿视图"分组中选择"分页预览";

② 在分页预览模式下,虚线代表分页符,将鼠标放置在虚线上,当鼠标变为黑色双向箭头时,将虚线向右拖动到最右数据列的右边,即可将数据打印在同一张纸上。

7.4 居中打印表格数据

在Excel中居中打印表格数据如图3-36所示。

① 单击"页面布局"选项卡"调整为合适大小"分组右下方"页面设置"启动器;

② 在弹出的"页面设置"对话框中选择"页边距"设置;

③ 居中方式中勾选"水平""垂直"复选框。

图3-36 在Excel中居中打印表格数据

知识与技能训练

一、单项选择题

1. 在工作表的单元格内输入数据时，可以使用"自动填充"的方法，填充柄是选定区域（ ）的小黑方块。

A. 左上角　　　　　　　　　　B. 左下角

C. 右上角　　　　　　　　　　D. 右下角

2. 在Excel数据录入时，可以采用自动填充的操作方法，它是根据初始值决定其后的填充项，若初始值为纯数字，则默认状态下序列填充的类型为（ ）。

A. 等差数据序列　　　　　　　B. 等比数据序列

C. 初始数据的复制　　　　　　D. 自定义数据序列

3. 使用公式时的运算符包含算术、比较、文本和（ ）四种类型的运算符。

A. 逻辑　　　　　　　　　　　B. 引用

C. 代数　　　　　　　　　　　D. 方程

4. 在Excel中，如果需要引用同一工作簿的其他工作表单元格或区域，则在工作表名与单元格（区域）引用之间用（ ）分开。

A. "!" 号　　　　　　　　　　B. "："号

C. "&" 号　　　　　　　　D. "$" 号

5. 在 Excel 中，如果要删除整个工作表，正确的操作步骤是（　　　）。

A. 选中要删除工作表的标签，按住 Del 键

B. 选中要删除工作表的标签，按住 Shift 键，再按 Del 键

C. 选中要删除工作表的标签，按住 Ctrl 键，再按 Del 键

D. 选中要删除工作表的标签，再选择"编辑"菜单中的"删除工作表"命令

二、多项选择题

1. 在 Excel 工作表的任一单元格内输入内容后，都必须确认后才认可。确认的方法有（　　　　）。

A. 双击该单元格　　　　　B. 单击另一单元格

C. 按光标移动键　　　　　D. 单击该单元格

2. 在 Excel 中，复制单元格格式可采用（　　　　）。

A. 复制＋粘贴　　　　　　B. 复制＋选择性粘贴

C. 复制＋填充　　　　　　D. "格式刷工具"

3. 在 Excel 中，利用填充功能可以方便实现（　　　）的填充。

A. 等差数列　　　　　　　B. 等比数列

C. 多项式　　　　　　　　D. 方程组

4. 在 Excel 工作表的单元格中输入数据，当输入的数据长度超过单元格宽时，在单元格中显示"#####"的数据为（　　　　）。

A. 字符串数据　　　　　　B. 日期格式数据

C. 货币格式数据　　　　　D. 数值数据

5. 在 Excel 中，函数 SUM（A1：A4）等价于（　　　　）。

A. SUM（A1*A4）　　　　B. SUM（A1，A2，A3，A4）

C. SUM（A1/A4）　　　　D. SUM（A1+A2+A3+A4）

三、判断题

1. 在单元格中输入公式时，输入的第一个符号是"="号。（　　　）

2. 分类汇总适合于按多个字段进行分类。（　　　）

3. 如果在单元格中输入数据"=22"，Excel把它识别为文本数据。（　　　）

4. 在Excel中的"引用"只可以引用数值。（　　　）

5. 在Excel中可以创建嵌入式图表，它和创建图表的数据源放置在同一个工作表中。（　　　）

任务四

制作销售
数据统计图

┝ **知识目标**

⊙ 掌握数据透视表的创建、使用和设置
⊙ 掌握图表的创建、使用和设置

┝ **技能目标**

⊙ 能够熟练运用Excel数据透视表进行数据分析
⊙ 能够运用图表更直观、形象地表示表格内容
⊙ 能够根据图标的类型和作用，创建合适类型的图表

任务导入：职场小白成长记之制作销售数据统计图

扫一扫：
你知道数据透视表吗？小白仅仅在Excel中输入些数字就够了吗？

任务介绍

通过制作销售数据统计图，系统学习如何使用数据透视表快速合并和比较大量数据，如何创建图表用以形象直观地展现数据，以及如何对图表进行设置与美化。

面临问题

➢ 如果数据源中的数据发生了改变，数据透视表中的数据能否随之改变？

➢ 创建了数据透视图后，能否在数据透视图中筛选数据？

➢ 创建了一个图表后发现图表类型不合适，需要删除重新创建吗？

素材介绍

本任务需要对素材"销售数据统计表"中的工作表1"年度销售数据"创建数据透视图表进行分析，并根据工作表2"销售计划完成度"数据绘制普通数据图和动态数据图。

商业知识：如何绘制数据统计图？

通过数据分析，隐藏在数据内部的关系和规律就会逐渐浮现出来。那么，如何将这些关系和规律展示出来呢？大多数情况下，人们更愿意接受图形这种数据展现方式，因为它能更加有效、直观地传递出数据分析师所要表达的观点。

一、数据统计图的作用

1. 表达形象化

使用数据统计图可以使冗长的文字表达简洁化、具象化，使深奥的内容形象化，使读者更容易理解想要表达的主题及观点。

2. 有利于突出重点

通过数据统计图中的图形高低、颜色等信息的设置，可以把问题的重点有效地传达给阅读者。

3. 体现专业化

通过恰当的数据统计图，可以传达出数据分析师专业、值得信赖的职业形象，专业的数据统计图可以提升个人职场竞争力。

二、数据统计图的类型

1. 柱形图

柱形图由一系列垂直条组成，用高度反映数据差异，用来展示多少项目（频率）会落入一个具有一定特征的数据段中，比如，分析公司人员构成是否存在老龄化现象，可以通过柱形图看到25岁以下的员工有多少，25 ~ 35岁的员工有多少等年龄分布情况。同时，柱形图还可以用来表示含有较少数据值的趋势变化关系。

2. 折线图

折线图是用来反映随着时间变化而变化的关系，尤其是在趋势比单个数据点更重要的场合。比如，数据在一段时间内呈增长趋势，而在另一段时间内处于下降趋势，可以通过折线图对将来进行预测。例如，速度—时间曲线、压力—温度曲线等，都可以利用折线图来表示。

在柱形图与折线图的选择过程中，可以考虑数据的本质。柱形图强调的是数量的级别，它更适合于表现在一小段时间里发生的事件，产量数据适合用柱形图。折线图强调的是角度的运动及图像的变换，因此在展示数据的发展趋势时最好使用它，存货量就是一个很好的例子。

3. 饼图

饼图用于对比几个数据在其形成的总和中所占的百分比，整个饼代表总和，每个数用一个薄片代表。如果要在同一个饼图中显示两组数据，就需要用双层饼图显示。展示构成比例关系时，最好使用饼图，可以展示每一部分占全部的百分比，比如产品A预计销售额占所有产品销售额的最大份额。

> **悟一悟：**
>
> 在研究一条线的发展趋势，例如股市、房价、销售额的增长趋势，不能够为了吸引读者而故意夸大变化趋势，通过截断数轴的方式夸大增长速度，要杜绝图表说谎。

为了使饼图尽量发挥作用，在使用中不宜多于6种变量。人的眼睛比较习惯于按顺时针方向观察，所以最重要的部分应该放在紧靠12点钟的位置，如果没有哪个部分比其他部分重要，就应该考虑让它们按照从大到小的顺序排列。

4. 条形图

条形图表达比较关系，按照强调的方式可以以任何顺序排列，适用于高度前三位或前五位的数据，例如，在零售行业中统计畅销品的销售情况就是很好的应用。

5. 漏斗图

漏斗图用来表示逐层分析的过程，从一个总值（最顶端）不断除去不关心的部分，最终得到关心的值的过程，多用于业务流程规范、周期长、环节多的流程分析，通过比较各个环节的宽窄大小，能够直观地发现和说明问题所在。

常见的应用场景有：电商网站通过转化率比较充分展示用户从进入网站到实现购买的最终转化率；营销推广中反映搜索营销的各个环节的转化，从展现、点击、访问、咨询，直到生成订单过程中的用户数量及流失；销售漏斗图用来展示用户各个阶段的转化比较情况。

6. 雷达图

雷达图既可以用来表现一个周期数值的变化，也可以用来表现特定对象主要参数的相对关系。雷达图多用在财务分析中，用来分析企业的负债能力、运营能力、盈利能力和发展能力等指标。

7. 面积图

与折线图较为类似，面积图主要强调变量随时间而变化的程度，也可用于引起人们对总值趋势的注意。面积图用填充了颜色或图案的面积来显示数据，面积片数不宜超过5片。

除了以上所列数据统计图类型之外，在商务数据分析过程中，可能还会根据场景不同用到其他类型的数据统计图，如KPI图、箱形图、树状图、地图等。

三、数据统计图的选择

数据统计图的选择对于数据的展现极其重要，只有选择合适的数据统计图，才能把数据分析好。一般来讲，数据通常包含五种相关关系：构成、比较、趋势、分布及联系。

1. 构成

构成主要关注每个部分占整体的百分比，如果想表达的信息包括份额、百分比以及预计将达到的百分比，这时候可以用到饼图。

2. 比较

比较可以展示事物的排列顺序——是差不多，还是一个比另一个更多或更少，大于、小于或者大致相当都是比较相对关系中的关键词，这时候首选条形图。

3. 趋势

趋势是最常见的一种时间序列关系，关心数据如何随着时间变化而变化，每周、每月、每年的变化趋势是增长、减少、上下波动或基本不变，这时候使用折线图可以更好地表现指标随时间呈现的趋势。

4. 分布

分布是关心各数值范围内分别包含了多少项目，典型的信息会包含集中、频率、分布等，这时候使用柱形图。同时，还可以根据地理位置数据，通过地图展示不同分布的特征。

5. 联系

联系主要查看两个变量之间是否表达出人们预期要证明的模式关系，比如预计销售额可能随着折扣幅度的增长而增长，这时候可以用气泡图来表达"与……有关""随……而增长""随……而不同"等变量间的关系。

软 件 应 用

一、工具介绍

一般情况下，图表主要包含标题、坐标轴、数据列等，另外还可以包括标示线、数据标签等。图表的基本组成部分及其功能分别如图4-1和表4-1所示。

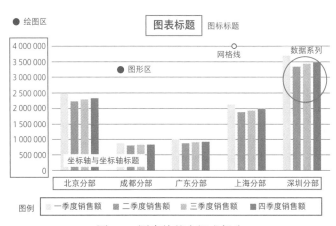

图4-1　图表的基本组成部分

表4-1　图表基本组成部分的功能

名称	作用
图表标题	包含标题和副标题，其中副标题是非必需的
坐标轴	坐标轴包含X轴和Y轴。通常情况下，X轴显示在图表的底部，Y轴显示在图表的左侧。多个数据列可以共同使用一个坐标轴

续表

名称	作用
数据系列	图表上一个或多个数据系列，比如曲线图中的一条曲线、柱状图中的一个柱形
图例	图表中用不同形状、颜色、文字等标示不同的数据列，通过点击标示可以显示或隐藏该数据列
标示线	可以在图表上增加一条标示线，比如平均值线、最高值线等

二、功能介绍

1. 数据透视表

数据透视表是一种交互式的表，可以进行某些计算，如求和与计数等，所进行的计算与数据跟数据透视表中的排列有关。数据透视表既可以动态地改变数据的版面布置，以便按照不同方式分析数据，也可以重新安排行号、列标和页字段。每一次改变版面布置时，数据透视表会立即按照新的布置重新计算数据。另外，如果原始数据发生了更改，可以更新数据透视表。

数据透视表的功能有：

（1）以多种用户友好的方式查询大量数据。

（2）分类汇总和聚合数据数值，按类别和子类别汇总数据，创建自定义计算公式。

（3）展开和折叠数据级别以重点关注结果，深入查看感兴趣的区域汇总数据的详细信息。

（4）通过将行移动到列或将列移动到行（也称"透视"），查看源数据的不同汇总。

（5）通过对最有用、最有趣的一组数据执行筛选、排序、分组和条件格式设置，可以重点关注所需信息。

（6）提供简明、有吸引力并且带有批注的联机报表或打印报表。

2. 数据透视图

数据透视图为关联数据透视表中的数据提供图形表示形式。数据透视图也是交互式的。创建数据透视图时，会显示数据透视图的筛选窗格，可使用此筛选窗格对数据透视图的基础数据进行排序和筛选。对关联数据透视表中的布局和数据更改将立即体现在数据透视图的布局和数据中，反之亦然。

数据透视图显示数据系列、类别、数据标记和坐标轴（与标准图表相同），也可以更改图表类型和其他选项，例如标题、图例位置、数据标签、图表位置等。

3. 图表类型的选择

"所有图表"列表主要包括柱形图、折线图、饼图、条形图、面积图、XY散点图、股价图、曲面图、雷达图、树状图、旭日图、直方图、箱形图、瀑布图和组合图等，只有了解并熟悉这些图表的类型及功能，才能在创建图表时选择最合适的图表。

（1）柱形图。在工作表中可以将以列或行的形式排列的数据绘制为柱形图。柱形图通常沿水平（类别）轴显示类别，沿垂直（值）轴显示值，如图4-2所示。

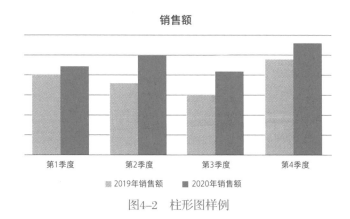

图4-2　柱形图样例

（2）折线图。在工作表中可以将以列或行的形式排列的数据绘制为折线图。在折线图中，类别数据沿水平轴均匀分布，所有值数据沿垂直轴均匀分布。折线图可在均匀按比例缩放的坐标轴上显示一段时间的连续数据，非常适合显示相等时间间隔（如月、季度或会计年度）下数据变化的趋势。折线图样例如图4-3所示。

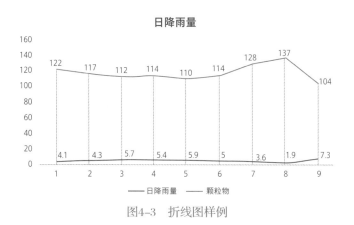

图4-3　折线图样例

（3）饼图。在工作表中可以将以列或行的形式排列的数据绘制为饼图。饼图显示一个数据系列中各项大小与各项总和的比例。饼图中的数据点显示为整个饼图的百分比。饼图样例如图4-4所示。

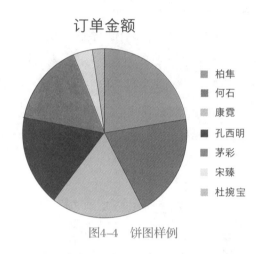

图4-4　饼图样例

（4）条形图。在工作表中可以将以列或行的形式排列的数据绘制为条形图。条形图显示各个项目的比较情况。在条形图中，通常沿垂直坐标轴组织类别，沿水平坐标轴组织值。条形图样例如图4-5所示。

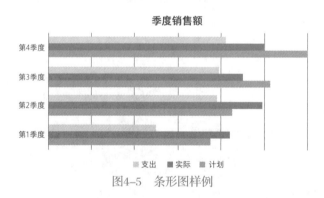

图4-5　条形图样例

（5）漏斗图。漏斗图显示流程中多个阶段的值。漏斗图样例如图4-6所示。

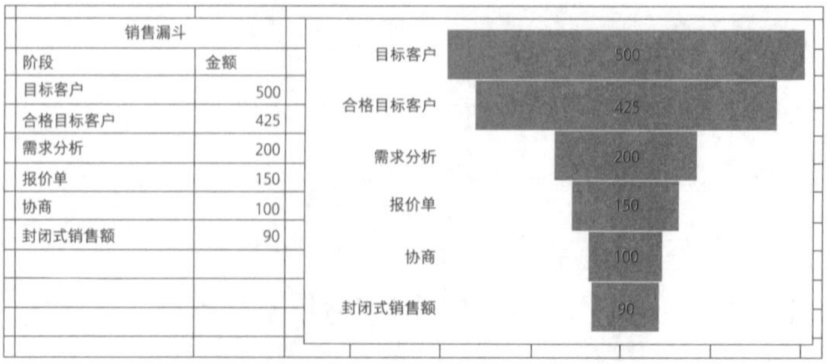

销售漏斗	
阶段	金额
目标客户	500
合格目标客户	425
需求分析	200
报价单	150
协商	100
封闭式销售额	90

图4-6　漏斗图样例

任 务 操 作

任务导图

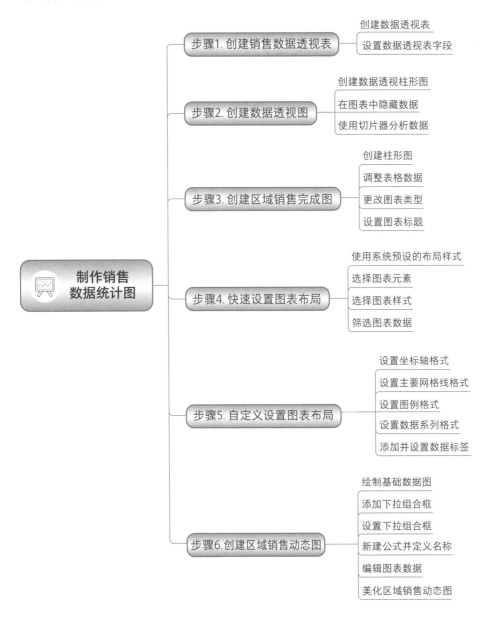

制作销售数据统计图

步骤1. 创建销售数据透视表
- 创建数据透视表
- 设置数据透视表字段

步骤2. 创建数据透视图
- 创建数据透视柱形图
- 在图表中隐藏数据
- 使用切片器分析数据

步骤3. 创建区域销售完成图
- 创建柱形图
- 调整表格数据
- 更改图表类型
- 设置图表标题

步骤4. 快速设置图表布局
- 使用系统预设的布局样式
- 选择图表元素
- 选择图表样式
- 筛选图表数据

步骤5. 自定义设置图表布局
- 设置坐标轴格式
- 设置主要网格线格式
- 设置图例格式
- 设置数据系列格式
- 添加并设置数据标签

步骤6. 创建区域销售动态图
- 绘制基础数据图
- 添加下拉组合框
- 设置下拉组合框
- 新建公式并定义名称
- 编辑图表数据
- 美化区域销售动态图

操作步骤

步骤1. 创建销售数据透视表

创建销售数据透视表目标任务完成图如图4-7所示。

图4-7　创建销售数据透视表目标任务完成图

1.1 创建数据透视表

在Excel中创建数据透视表如图4-8所示。

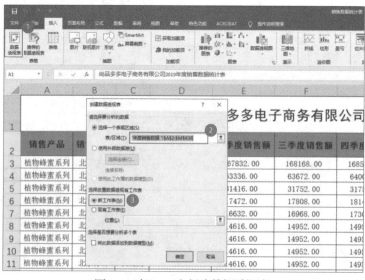

图4-8　在Excel中创建数据透视表

① 单击"插入"选项卡"表格"分组中的"数据透视表"按钮；

② 在弹出的"创建数据透视表"对话框中，设置"表/区域"为除标题以外的数据区域；

③ 选中"新工作表"复选框，单击"确定"。

1.2 设置数据透视表字段

设置数据透视表字段如图4-9所示。

（a）数据透视表中选择字段　　　　　（b）数据透视表中值字段设置

图4-9　设置数据透视表字段

① 在"数据透视表字段"窗格中选中需要的字段；

② 可以使用拖动的方法，将字段拖动到相应的位置，这里设置行字段为"销售区域"，值字段为"年销售额"；

③ 单击"值字段"中的变量"求和项：年销售额"右下方的下拉按钮；

④ 在下拉列表中选择"值字段设置"；

⑤ 在弹出的"值字段设置"对话框中，选择计算类型为"最大值"，在数据透视表中可查看各区域、各产品年销售额的最大值。

 好学殿堂

若数据源发生改变，可以通过刷新来更新数据透视表，方法是：使用鼠标右键单击任意一个单元格，在弹出的快捷菜单中选择"刷新"选项，则可以实现数据透视表的更新操作。

微课：
编辑与美化
图表

步骤2. 创建数据透视图

数据透视图目标任务完成图如图4-10所示。

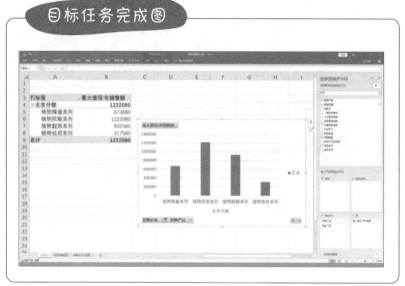

图4-10　数据透视图目标任务完成图

2.1　创建数据透视柱形图

在Excel中创建数据透视柱形图如图4-11所示。

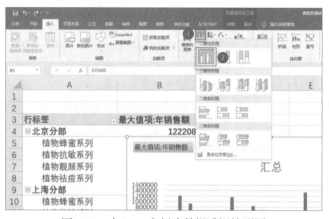

图4-11　在Excel中创建数据透视柱形图

① 在"插入"选项卡"图表"分组中，单击"插入柱形图或条形图"下拉按钮；
② 在下拉列表中选择"二维柱形图"，将各区域各产品的销售量制作成图表。

2.2　在图表中隐藏数据

在图表中隐藏数据如图4-12所示。

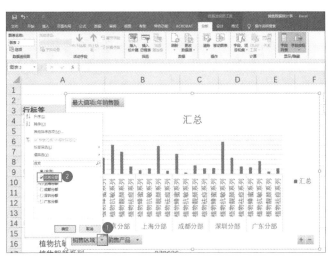

图4-12　在图表中隐藏数据

① 单击图4-12中的"销售区域"下拉按钮；

② 在下拉列表中，仅选中"北京分部"，单击"确定"，图表只显示需要展示的北京分部的销售额。

2.3　使用切片器分析数据

使用切片器分析数据如图4-13所示。

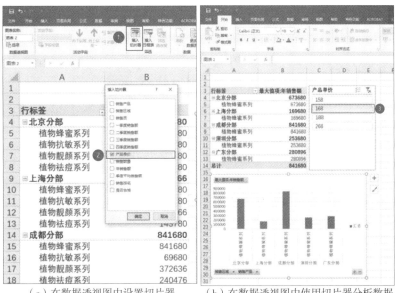

（a）在数据透视图中设置切片器　　（b）在数据透视图中使用切片器分析数据

图4-13　使用切片器分析数据

① 在"分析"选项卡"筛选"分组中单击"插入切片器"按钮；

② 在弹出的"插入切片器"对话框中，选择所需数据项目"产品单价"；

③ 此时会弹出切片器筛选对话框，选择一个产品单价"168"，数据透视表和图中数据均随之改变。

步骤3. 创建区域销售完成图

区域销售完成图目标任务完成图如图4-14所示。

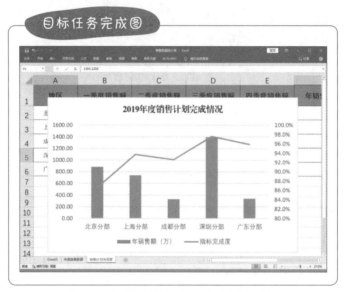

图4-14　区域销售完成图目标任务完成图

3.1 创建柱形图

在Excel中创建柱形图如图4-15所示。

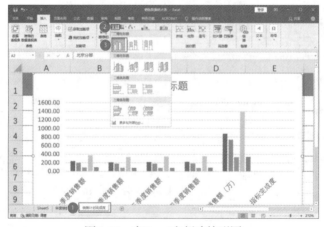

图4-15　在Excel中创建柱形图

① 选择工作表中的"销售计划完成度";

② 在"开始"选项卡"图表"分组中,单击"插入柱形图或条形图"下拉按钮;

③ 在下拉列表中选择插入"簇状柱形图"。

神灯秘籍

通常情况下图表选择二维图形,因为图表讲究简洁美观,三维图表因为阴影等格式显得信息过多,不够简洁。如果不是特殊要求,通常选择二维图表即可。

3.2 调整表格数据

在Excel中调整表格数据如图4-16所示。

图4-16　在Excel中调整表格数据

① 选中图表后右击鼠标,选择"选择数据源"选项;

② 在弹出的"选择数据源"对话框中,单击"切换行/列"按钮,使水平坐标轴显示区域;

③ 在"图例项(系列)"中选中"一季度销售额";

④ 单击"删除"按钮,使图表不显示一季度销售额。用同样的方法,分别将二、三、四季度的销售额删除,单击"确定"即可。

好学殿堂

在工作表中如果对数据进行了修改或删除操作，图表会自动进行相应的更新。如果在工作表中增加了新数据，图表不会自动进行更新，需要手动增加数据系列。

3.3 更改图表类型

更改图表类型如图4-17所示。

图4-17　更改图表类型

想一想：

为什么要将"指标完成度"设置为次坐标轴？如果不这样设置会有什么问题？

① 选中图表后右击鼠标，选择"更改图表类型"选项；

② 在弹出的"更改图表类型"对话框中，选择"组合图"；

③ 设置"年销售额"为"簇形柱状图"，设置"指标完成度"为"折线图"，选中"指标完成度"后面的"次坐标轴"复选框，单击"确定"。

3.4 设置图表标题

在Excel中设置图表标题如图4-18所示。

① 选中"设置标题"文本框，设置标题为"2019年度销售计划完成情况"；

② 将标题文字设置成"方正小标宋""12号"；

③ 设置标题文字颜色为黑色。

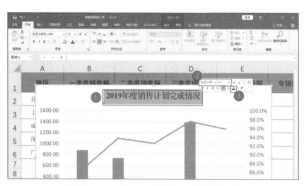

图4-18　在Excel中设置图表标题

步骤4. 快速设置图表布局

快速设置图表布局目标任务完成图如图4-19所示。

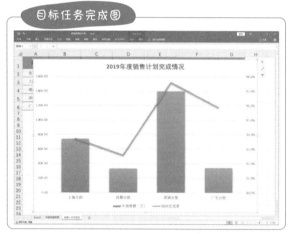

图4-19　快速设置图表布局目标任务完成图

4.1　使用系统预设的布局样式

在Excel中使用系统预设的布局样式如图4-20所示。

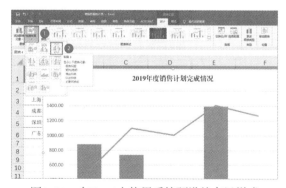

图4-20　在Excel中使用系统预设的布局样式

① 选中图表后，在"设计"选项卡"图表布局"分组中单击"快速布局"下拉按钮；

② 在下拉列表中选择"布局3"选项，此时图表便会应用"布局3"样式中的布局。

4.2　选择图表元素

在Excel绘制图表中选择图表元素如图4-21所示。

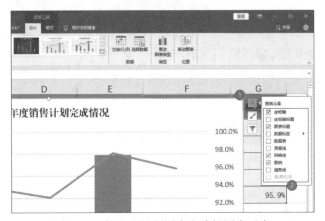

图4-21　在Excel绘制图表中选择图表元素

① 选中图表后单击图表右上方"✛"样式的"图表元素"按钮；

② 在弹出的"图表元素"列表中选中需要的图表布局，同时将不需要的布局元素取消选中。

　　选择图表布局元素的原则是只选择必要元素，否则图表会显得杂乱。如果去除某布局元素，图表能正常表达含义，那么最好不要添加该布局元素。

4.3　选择图表样式

在Excel绘制图表中选择图表样式如图4-22所示。

① 选中图表后单击图表右上方"✐"样式的"图表样式"按钮；

② 在弹出的"图表样式"列表中选择一种样式"样式8"。

图4-22　在Excel绘制图表中选择图表样式

4.4　筛选图表数据

在Excel统计图中筛选图表数据如图4-23所示。

图4-23　在Excel统计图中筛选图表数据

① 选中图表后单击图表右上方"▼"样式的"图表筛选器"按钮；

② 在弹出的"数值筛选"列表中勾选需要保留或去除的数据；

③ 勾选完毕后，单击"应用"按钮。

步骤5. 自定义设置图表布局

自定义设置图表布局目标任务完成图如图4-24所示。

图4-24 自定义设置图表布局目标任务完成图

5.1 设置坐标轴格式

Excel统计图中设置坐标轴格式如图4-25所示。

图4-25 Excel统计图中设置坐标轴格式

① 选中纵坐标轴后右击鼠标，选择"设置坐标轴格式"选项；

② 在"坐标轴选项"中，设置边界最大值为"2000.0"，设置单位分别为"400.0""80.0"；

③ 在"标签"中，设置标签位置为"无"；

④ 以同样的方法，设置次坐标轴边界最小值为"0.6"，最大值为"1"，标签位置为无。

5.2 设置主要网格线格式

在Excel统计图中设置主要网格线格式如图4-26所示。

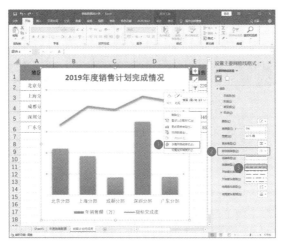

图4-26　在Excel统计图中设置主要网格线格式

① 选中网格线后右击鼠标，选择"设置网格线格式"选项；

② 在"设置主要网格线格式"的线条设置中，单击"短划线类型"下拉按钮；

③ 选择短划线类型为"短划线"。

5.3 设置图例格式

在Excel统计图中设置图例格式如图4-27所示。

图4-27　在Excel统计图中设置图例格式

① 选中图例后右击鼠标，选择"设置图例格式"选项；

② 在"设置图例格式"列表中单击"图例选项"按钮；

③ 设置图例位置为"靠上"，然后拖动图例进行位置微调。

5.4 设置数据系列格式

在Excel统计图中设置数据系列格式如图4-28所示。

图4-28 在Excel统计图中设置数据系列格式

① 单击设置格式窗格中"系列选项"下拉按钮；

② 在下拉列表中选择"系列'指标完成度'"，对指标完成度数据系列进行格式设置；

③ 单击"设置数据系列格式"窗格中"填充与线条"按钮；

④ 选择"标记"设置；

⑤ 设置指标完成度数据系列标记选项为"内置"，类型为正方形。

5.5 添加并设置数据标签

添加并设置数据标签如图4-29所示。

① 选中指标完成度数据系列后，在"设计"选项卡"图表布局"分组中单击"添加图表元素"下拉按钮；

② 选择添加"数据标签"，位置为"上方"；

③ 选中已添加的数据标签，设置为"绿色""加粗"；

④ 以同样的方式，为年销售额数据系列添加数据标签，位置为"数据标签外"，字体颜色为"蓝色""加粗"。

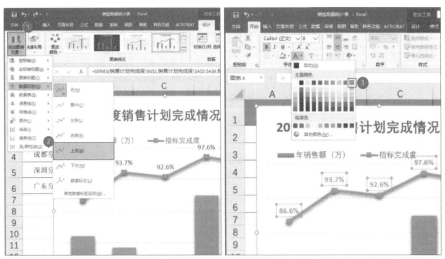

（a）在Excel统计图中添加数据标签　　　　　（b）在Excel统计图中设置标签格式

图4-29　添加并设置数据标签

步骤6. 创建区域销售动态图

区域销售动态图目标任务完成图如图4-30所示。

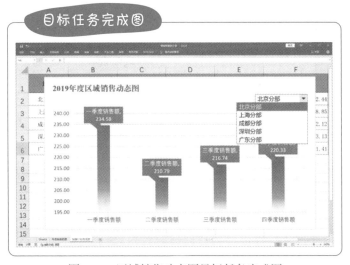

图4-30　区域销售动态图目标任务完成图

6.1 绘制基础数据图

在Excel中绘制基础数据图如图4-31所示。

① 选中标题及北京分部四个季度的销售额数据；

② 在"插入"选项卡"图表"分组中单击"插入柱形图或条形图"下拉按钮；

③ 在下拉列表中选择"二维柱形图"，绘制北京分部四个季度销售额柱形图。

图4-31 在Excel中绘制基础数据图

6.2 添加下拉组合框

添加下拉组合框如图4-32所示。

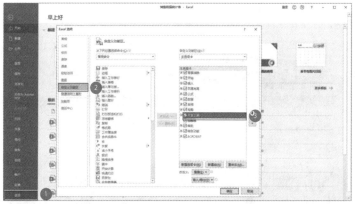

（a）添加自定义功能区"开放工具"

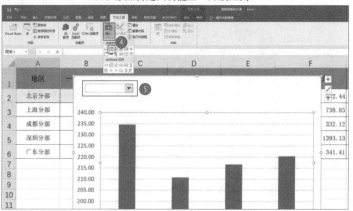

（b）在Excel中添加下拉组合框

图4-32 添加下拉组合框

① 在"文件"选项卡中选择"选项";

② 在弹出的"Excel选项"对话框中选择"自定义功能区";

③ 将"主选项卡"窗口中的"开发工具"复选框选中;

④ 在"开发工具"选项卡"控件"分组中单击"插入"下拉按钮,在列表中选择插入"组合框";

⑤ 在图表中和绘制形状一样,绘制出一个带下拉按钮的矩形,即为组合框。

6.3 设置下拉组合框

在Excel中设置下拉组合框如图4–33所示。

图4–33　在Excel中设置下拉组合框

① 右击鼠标选中已插入的组合框按钮;

② 在列表中选择"设置控件格式"选项;

③ 在弹出的"设置控件格式"对话框中,设置数据源区域为五个区域位置即"$A$2:$A$6",设置单元格链接为任一空单元格"$H$1",设置下拉显示项数为"5",即在图表中的组合框能显示5个区域的名称。

6.4 新建公式并定义名称

在Excel中新建公式并定义名称如图4–34所示。

① 在"公式"选项卡"定义名称"分组中单击"定义名称"下拉按钮;

② 在下拉列表中选择"定义名称"选项;

③ 在弹出的"新建名称"对话框中设置公式名称为"动态图";

④ 设置引用位置为"=offset（$A$1,$H$1,1,1,4）"。

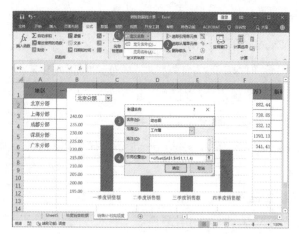

图4-34 在Excel中新建公式并定义名称

6.5 编辑图表数据

在Excel中编辑图表数据如图4-35所示。

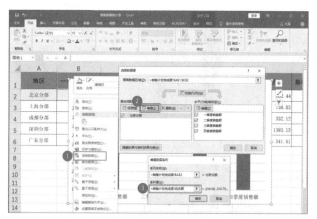

图4-35 在Excel中编辑图表数据

① 选中图表后右击鼠标，在弹出的列表中选择"选择数据"；

② 在弹出的"选择数据源"对话框中，单击左边图例项（系列）的"编辑"按钮；

③ 在弹出的"编辑数据系列"对话框中，将系列值中的"\$B\$2：\$E\$2"改为"动态图"，单击"确定"。

6.6 美化区域销售动态图

美化区域销售动态图如图4-36所示。

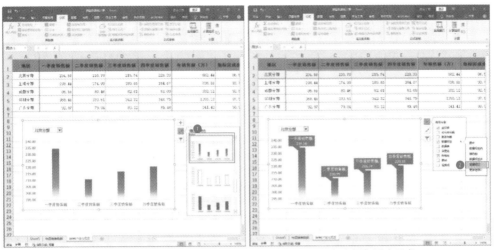

（a）设置图形样式　　　　　　　　（b）添加图表元素

图4-36　美化区域销售动态图

① 设置图表样式为"样式10"；

② 添加数据标签格式为"数据标注"；

③ 添加图表标题，设置标题内容为"2019年度区域销售动态图"，并设置标题文字字体为"方正小标宋"，移动位置到左上方；

④ 右击鼠标选中组合框移动至右上方，并将其与图表组合。

> **练一练：**
>
> 找一个自己日常中用到的Excel表，将其绘制成动态图表。

知识与技能训练

一、单项选择题

1. 在Excel数据透视表的数据区域默认的字段汇总方式是（　　　）。

A. 平均值　　　　　　　　　B. 乘积

C. 求和　　　　　　　　　　D. 最大值

2. 比较同时跨类别和数据系列的数据时，可以使用（　　　）。

A. 柱形图　　　　　　　　　B. 折线图

C. 饼图　　　　　　　　　　D. 圆环图

3. 如果想要根据目的筛选数据，可以选中图标后，单击（　　　）。

A. 右侧加号　　　　　　　　B. 右侧漏斗图

C. 右侧毛笔形状　　　　　　D. 左侧加号

4. 关于图表有如下四种说法，其中不正确的是（　　　）。

A. 图表可以单独打印

B. 内嵌图表不能单独打印，只能随工作表单一起打印

C. 通常独立图表中的图形大小不是实际大小

D. 要激活图表，可单击或双击该图表

5. 对工作表建立的柱状形图表，若删除图表中某数据系列柱形图，（　　　）。

A. 则数据表中相应的数据不变

B. 则数据表中相应的数据消失

C. 若事先选定被删除柱状图相应的数据区域，则该区域数据消失，否则保持不变

D. 若事先选定被删除柱状图相应的数据区域，则该区域数据不变，否则数据消失

二、多项选择题

1. 下列选项中，属于数据透视表的数据来源有（　　　　　）。

A. 多重合并计算数据区域　　B. 查询条件

C. 数据清单或数据库　　　　D. 外部数据库

2. 在 Excel 中，数据透视表中拖动字段的主要区域有（　　　　　）。

A. 数值区域　　　　　　　　B. 列标签区域

C. 筛选区域　　　　　　　　D. 行标签区域

3. 关于已经建立好的图表，下列说法正确的是（　　　　　）。

A. 图表是一种特殊类型的工作表

B. 图表中的数据是可以编辑的

C. 图表可以复制和删除

D. 图表中各项是一体的，不可分开编辑

4. 在 Excel 中，能使用（　　　　　）的方法建立图表。

A. 在工作表中插入或嵌入图表　B. 添加图表工作表

C. 从非相邻选定区域建立图表　D. 建立数据库

5. 在 Excel 中，有关图表的叙述正确的是（   ）。

A. 图表的图例可以移动到图表之外

B. 选中图表后再键入文字，则文字会取代图表

C. 图表绘图区可以显示数值

D. 一般只有选中了图表才会出现"图表"选项卡

三、判断题

1. 数据透视表是可以快速汇总分析大量数据表格的交互式工具。（   ）

2. 数据透视表数据源的第一行字段名称可以有空的。（   ）

3. Excel 图表建成以后，仍可以在图表中直接修改图表标题。（   ）

4. Excel 的数据透视表和一般工作表一样，可在单元格中直接输入数据或变更其内容。（   ）

5. Excel 数据透视图与数据透视表一样，可以在图表上拖动字段名来改变数据透视图的外观。（   ）

任务五

制作销售
报告演示文稿

├知识目标

⊙ 掌握图片、文字、模板及其他资源的获取与使用方法
⊙ 掌握第三方模板的套用方法
⊙ 掌握幻灯片母版的设置方法
⊙ 掌握思维导图工具的使用方法和逻辑页面的制作方法
⊙ 掌握文字轮廓、填充与效果的设置方法
⊙ 掌握数据图表的插入与美化方法

├技能目标

⊙ 能够熟练运用PowerPoint软件处理文字、图表等设计要素并对单独幻灯片进行
  美化
⊙ 能够利用外部资源快速处理演示文稿文案并合理套用设计样式
⊙ 能够独立设计逻辑语言顺畅、逻辑页面完整的演示文稿

任务导入：职场小白成长记之制作销售报告演示文稿

扫一扫：
小白为什么这么发愁呢？这次他又接了什么任务？职场难度竟然持续增加！

任务介绍

通过制作销售报告演示文稿，系统学习PPT的幻灯片单页制作和整体架构设计，并掌握如何获取外部资源、文字排版、处理数据图表等。

面临问题

➢ 已有一份成型的PPT模板，该如何将具体内容合理套用其上呢？

➢ PPT内的默认字体样式相对单一，缺乏视觉美观，该如何使用第三方字体进行加工呢？

➢ 如何在创建整体架构时做到心中有数，前期的构思应该怎样通过思维导图工具合理设计呢？

➢ PPT内的数据图表和Excel内的数据图表有何不同，在PPT内进行数据展示怎样做到一目了然、清晰明了？

素材介绍

本任务需使用的工作素材为"全图型商务汇报PPT模板"，《尚品多多电子商务有限公司药妆护肤品营销策划书（草稿）》以及演示文稿封面需要的公司Logo图片。

商业知识：如何编写销售报告？

通常来讲，常见的销售报告包括销售计划报告和销售分析报告两大类。销售计划报告主要针对市场进行分析、研判和预测，要通过前期的市场调研，准确定位产品的结构、功能、价格，并对目标销售群体进行市场前景可行性分析，在产品流通、销售、成本控制、危机营销等方面做出合理判断；分析报告则要对全过程营销的各个环节进行有效归纳，对合同履行情况进行总结，还原产品流向轨迹，详细分析不同销售地区的情况异同及受众心理，查找销售过程中出现的问题并对售后服务情况提出合理化改进策略。

悟一悟：

一份好的销售报告，不仅能够直观展示销售策略、思路以及方式方法，最重要的还是要帮助企业将其转化为实际的销售成果。借助销售报告的制作与设计，既可以帮身处职场的员工理清思路、抓住要点，还使其能够身体力行，带来具体的效益增长。不要小看销售报告的作用，所谓"磨刀不误砍柴工"，要在职场上取得成就，务必要深入思考其中所包含的意义和价值。

一、销售报告的作用

通过客观、全面的计划与分析，可以准确地掌握市场需要及其动向，窥探市场规模、市场容量以及增长率，有效比对竞品和本产品的销量、产品流向及市场存量，把握主要竞品的新产品上市、促销及陈列动态，了解本产品的销售渠道、区域及产品活动效果，分析各经销商的实际进货、销售和库存情况，掌握经销商及电商的账款情况明细，做好目标达成程度的合理评价，进行销售人员的适当约束与高效管理等。总之，在实际的商业活动中，一份好的销售报告就代表一个有效的营销攻略，做好销售报告，可以帮助销售人员提高营销效率、提升市场反应能力。

二、销售报告的编写原则

1. 按时间编写

从时间维度来看，销售报告的编写一般采用定期和不定期两种方式。定期报告分为每日、每周、每旬、每月、每季、每年报告，根据市场需要及具体的销售规模、成本来制定，同时结合产品具体特点，合理判断产品销售的旺季、淡季，并编写有针对性的销售报告；不定期分析报告根据市场变化情况快速做出反应，准确研判和分析，不定期报告往往针对某一个或某一种产品的销售状况编制点对点报告，更加考验销售人员的市场反应能力。

2. 按内容编写

从内容维度来看，销售报告一般分为三种类型。一是综合性报告，对产品整体销售情况、市场运营及财务状况进行整体性考量，其编写往往结合产品销售的整个周期，是对产品销售状况的总体把握；二是专项报告，针对产品销售活动的一部分，如销售预算、销售资金流转、销售收支变量等情况做专题研判，专项报告可以放大细节，有针对性地调整和改进销售策略；三是项目报告，对产品销售全链条中的局部或独立运作项目进行把控，起到以小见大、以点带面的作用。

三、销售报告的编写技巧

销售报告的编写并无固定的格式要求，就其内容来说，只要能够做到反映要点、分析精准、理实结合、观点鲜明，就是一份过关的销售报告。一般来说，销售报告均应包含五个方面的内容：概览、说明、分析、评价和建议，不过，在实际编写过程中要注意具体问题具体分析，要针对市场情况及销售目标有所取舍，不必机械地面面俱到。而在具体的展示过程中，则要结合本书内容，有效利用可视化手段，让报告本身更加易懂、生动、形象，获得最优的展示效果。

1. 概览

即概括综合销售情况，做出总体的市场分析，为后续报告内容做出提纲挈领式的提要引导，对整体销售情况进行提要概述。

2. 说明

对公司销售情况做出具体介绍，务求文字表述恰当、数据引用准确。可适当运用绝对数、比较数及复合指标数对具体的销售指标加以佐证说明，尤其要关注销售活动重心，着眼重要事项，做出有针对性的说明。不同月份、不同阶段、不同侧重的销售重点有所不同，如新产品上市、基础市场稳固、新市场开发等，要就事论事，对销售成本、预算、项目回款、利润数据、售后服务等进行有指向性的详细说明。

3. 分析

对具体的销售计划、过程、阶段性结果进行分析研究，在做好前述说明的基础上将不同状况分析透彻。寻找销售过程中出现的问题，找准原因和症结，进而解决问题。分析研究一定要有理有据，要综合运用本书所讲的展示技巧，通过表格、图示、图解，拆分各项指标，透过现象看本质，突出表达分析的内容，抓住当前要点，多维度反映销售活动焦点和易于忽视的问题。

4. 评价

在客观、全面的说明及分析之后，要综合销售情况、财务状况、实际业绩，回归公司目标，从财务角度对销售活动给予公正评价和预测。财务评价要用数据说话，避免似是而非、模棱两可的评述，要注意从正反两方面看，既要点出问题，也要给予鼓励。

5. 建议

建议既是销售计划或分析的最终落脚点，也是下一步销售活动的出发点。除了基础性建议之外，在实际销售过程中因问题、积弊而形成的意见和看法尤其重要，相关改进策略要力求行之有效，并且不能太抽象，要具体化、可落地，最好有一套切实可行的方案。

软 件 应 用

一、软件介绍

Microsoft Office PowerPoint（以下简称PPT）是微软公司出品的一款演示文稿软件。作为全球最流行的演示类工具软件之一，其广泛应用于会议交流、培训演讲、产品宣传、教育教学等不同场景中。通过PPT软件所提供的设计工具箱，可以制作简洁、清晰、明了、富有冲击力和感染力的可视化演示文稿，熟练地掌握软件功能并加以应用，对于塑造产品形象及提升企业影响力具有积极作用。

二、界面介绍

PPT的界面主要由选项卡、功能区、编辑区、状态栏等内容构成，如图5-1所示，其功能如表5-1所示。

图5-1　PPT界面的内容构成

表5-1　PPT界面功能表

名称	功能
快速访问工具栏	用于放置一些常用工具
标题栏	显示当前演示文稿名称
选项卡	用于切换选项组，单击相应标签可以完成切换
功能区	用于放置编辑演示文稿时的各种功能，各种功能可被划分为若干组
标尺	用于显示或定位文本的位置
编辑区	用于编辑演示文稿内容
状态栏	显示当前幻灯片信息

三、工具介绍

1. 字体设置

如图5-2所示，在PPT中可以在"开始"选项卡"字体"分组中设置演示文稿内文字的字体、字号、颜色、加粗、斜体和下划线等常用的字体格式。各选项和按钮的功能如表5-2所示。

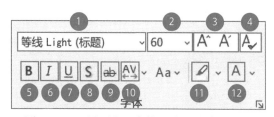

图5-2　PPT界面中"字体"分组的选项构成

表5-2　"字体"分组中各选项功能

序号	功能
①	字体下拉列表框，单击后下拉列表中可选择需要的字体
②	字号下拉列表框，单击后下拉列表中可选择需要的字号
③	增大/减小字号按钮，单击按钮将根据字符列表中排列的字号大小依次增大或减小所选字符的字号
④	清除格式按钮，单击该按钮，可将所选文字格式清除
⑤	加粗按钮，单击该按钮，可将所选的字符加粗显示
⑥	倾斜按钮，单击该按钮，可将所选的字符倾斜显示
⑦	下划线按钮，单击该按钮，可为选择的字符添加下划线效果
⑧	阴影按钮，单击该按钮，可为选择的字符添加阴影效果
⑨	删除线按钮，单击该按钮，可为选择的字符添加删除线效果
⑩	字符间距按钮，单击该按钮，可调整选择的字符之间的间距
⑪	文本突出显示颜色按钮，单击该按钮，可自动为所选字符应用当前颜色作为突出颜色，或单击该按钮右侧下拉按钮，在下拉列表中可选择需要的文本突出颜色
⑫	字体颜色按钮，单击该按钮，可自动为所选字符应用当前颜色，或单击该按钮右侧下拉按钮，在下拉列表中可选择需要的字体颜色

2. 段落设置

在段落中可以在"开始"选项卡"段落"分组中设置段落的缩进量、对齐方式、行距和底纹颜色等常用的段落格式。"段落"分组的选项构成及其功能分别如图5-3和表5-3所示。

图5-3　PPT界面中"段落"分组的选项构成

表5-3　"段落"分组中各选项功能

序号	功能
①	项目符号按钮，单击该按钮，可以为段落添加项目符号
②	编号按钮，单击该按钮，可以为段落顺次添加编号
③	列表级别按钮，单击该按钮，可提高或减低文本级别
④	行距按钮，单击该按钮，可调整文字段落的行间距
⑤	文字方向按钮，单击该按钮，可选择文字横向或纵向排列

序号	功能
⑥	对齐文本按钮，单击该按钮，可将文字段落进行不同形式的对齐
⑦	左对齐按钮，单击该按钮，可使段落与页面左边距对齐
⑧	居中按钮，单击该按钮，可使段落与页面居中对齐
⑨	右对齐按钮，单击该按钮，可使段落与页面右边距对齐
⑩	两端对齐按钮，单击该按钮，可使段落同时与左边距和右边距对齐，并根据需要增加词间距
⑪	分散对齐按钮，单击该按钮，可使段落同时靠左边距和右边距对齐，并根据需要增加字间距
⑫	栏按钮，可将所选文字分栏显示
⑬	SmartArt转换按钮，可将所选文字转换成SmartArt图形

四、功能介绍

1. 添加、复制或删除文本框

可在PPT中添加、复制或删除文本框。使用文本框，可在文件中的任意位置添加文本。例如，可创建重要引述或边栏，引起读者对重要信息的关注。

2. 创建或更改幻灯片版式

幻灯片版式包含幻灯片上显示的所有内容的格式、位置和占位符框。占位符是幻灯片版式上的虚线容器，其中包含标题、正文文本、表格、图表、SmartArt图形、图片、剪贴画、视频和声音等内容。幻灯片版式还包含幻灯片的"颜色""字体""效果"和"背景"（整体称为主题）。

3. 将自定义样式应用于多张幻灯片

将自定义列表样式应用于演示文稿中的所有幻灯片的最佳方法是修改幻灯片母版。对幻灯片母版所做的任何自定义列表都将保存并应用到所有幻灯片。还可以编辑、创建一个或多个幻灯片版式，包括自定义的列表样式，并将这些版式应用到演示文稿中的任何位置。

4. 在幻灯片版式上添加、编辑或删除占位符

在PPT中，占位符是幻灯片页面中一种预先设置好格式的容器,可填充不同的文稿

内容（文本、图形或视频等）。通过预设好的格式设置，可以更轻松地设置幻灯片格式。在实际应用中，可以先在"幻灯片母版"视图中设置占位符的格式，然后在"普通"视图中修改具体内容。

5. 创建SmartArt图形

创建SmartArt图形，能够对信息做生动的可视化呈现。可以从多种不同的布局中进行选择，以有效地传达消息。SmartArt图形还可以在Excel、Word中创建，并且可以在整个Office中使用。

任 务 操 作

任务导图

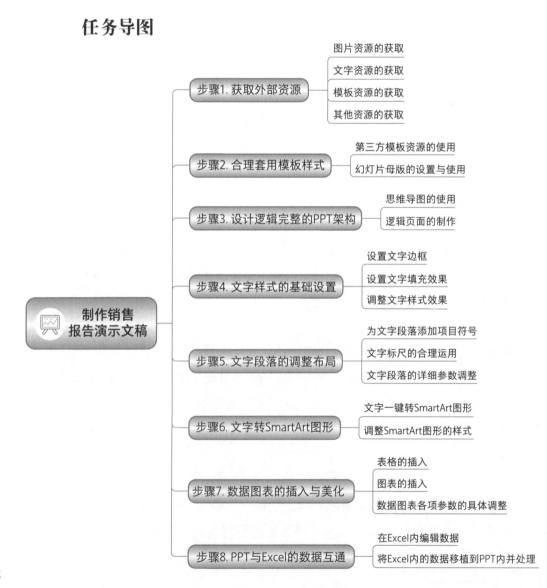

操作步骤

步骤1. 获取外部资源

1.1 图片资源的获取

利用图片搜索引擎获取图片资源如图5-4所示。

图5-4　利用图片搜索引擎获取图片资源

① 进入对应的图片资源获取网站，可使用图片搜索引擎如：百度搜索、必应搜索等，或使用图片素材类网站，如千图网、昵图网等；

② 在网站搜索框内键入关键词，如"教育"，获取搜索结果；

③ 提取相关图片资源进行使用。

1.2 文字资源的获取

利用第三方字库网站获取字体如图5-5所示。

图5-5　利用第三方字库网站获取字体

① 进入对应的第三方字库网站，如方正字库、汉仪字库等；

② 在网站搜索框内键入关键词，如"毛笔字体"，获取搜索结果；

③ 下载心仪字体进行使用。

利用按图识别类网站获取字体如图5-6所示。

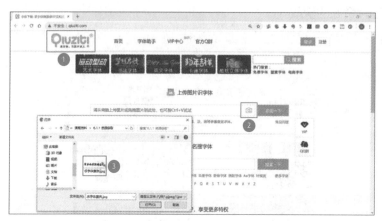

图5-6　利用按图识别类网站获取字体

① 进入按图识别类的字体网站，如"求字体网"；

② 单击相机图标，弹出文件浏览器窗口；

③ 按照文件路径，选择文字样式图片，进行字体识别。

1.3 模板资源的获取

利用PPT模板类网站获取模板如图5-7所示。

图5-7　利用PPT模板类网站获取模板

① 进入对应的 **PPT** 模板资源网站，如专业的 **PPT** 设计论坛——锐普 **PPT** 论坛，或模板类资源网站——演界网等；

② 在网站搜索框内键入关键词，如"商务模板"，获取搜索结果；

③ 下载心仪模板进行使用。

神灯宝藏

　　印象笔记、有道云笔记都是非常好用的资源管理类软件，可以帮助用户提升资源管理效率，有效梳理已获取的外部资源。

1.4 其他资源的获取

利用 **PPT** 自带的图标库获取图标如图 5-8 所示。

图5-8　利用 **PPT** 自带的图标库获取图标

① 最新版本的 **PPT** 软件自带线上图标库，选择"插入"选项卡；

② 单击"图标"按钮；

③ 选择合适图标样式进行使用。

利用"草料二维码"网站生成二维码链接，如图 5-9 所示。

图5-9　利用"草料二维码"网站生成二维码链接

① "草料二维码"网站可以将文本、网址等转化为二维码链接；

② 以网址转化为例，选择"网址"选项卡；

③ 在此键入要转化的网址；

④ 单击"生成二维码"按钮，获得二维码图片。

步骤2. 合理套用模板样式

销售报告演示文稿模板套用目标任务完成图如图5-10所示。

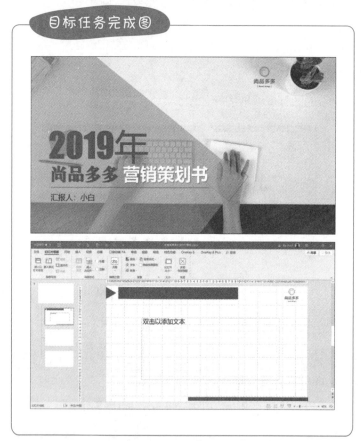

图5-10 销售报告演示文稿模板套用目标任务完成图

2.1 第三方模板资源的使用

利用Word软件编辑演示文稿文案如图5-11所示。

① 使用Word软件打开演示文稿的文案；

② 选取要套用进模板的文字内容。

图5-11　利用Word软件编辑演示文稿文案

将文案套入模板框架如图5-12所示。

图5-12　将文案套入模板框架

① 添加公司Logo；

② 将文案标题粘贴进模板封面主标题框；

③ 添加"汇报人"等其他信息，完成样式文稿封面的模板套用。

2.2 幻灯片母版的设置与使用

幻灯片母版编辑页面如图5-13所示。

① 单击"视图"选项卡；

② 找到"幻灯片母版"按钮，进入母版编辑界面。

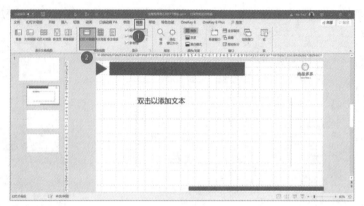

图5-13 幻灯片母版编辑页面

幻灯片母版各板块内容编辑如图5-14所示。

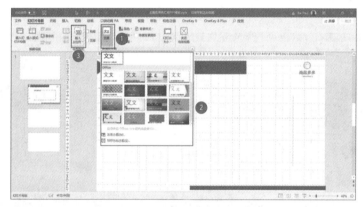

图5-14 幻灯片母版各板块内容编辑

练一练：

巧用幻灯片母版，打造你自己的PPT专属风格，尝试一下吧！

① 单击"主题"按钮；

② 选取软件预设的母版主题直接使用；

③ 也可以单击"插入占位符"按钮，对母版内的文字、图片、图表等样式进行参数调整，以固定幻灯片内元素的统一样式。

神灯秘籍

PPT的母版资源有多种类型，除了通用母版之外，逻辑图表也是非常实用的母版类型。在日常的PPT制作中，巧用逻辑图表可以帮助用户理清行文结构、规范设计框架。在演界网、千图网等素材资源网站中，有许多逻辑图表供用户下载使用。

步骤3. 设计逻辑完整的PPT架构

PPT逻辑架构目标任务完成图如图5–15所示。

微课：
PPT的架构设计

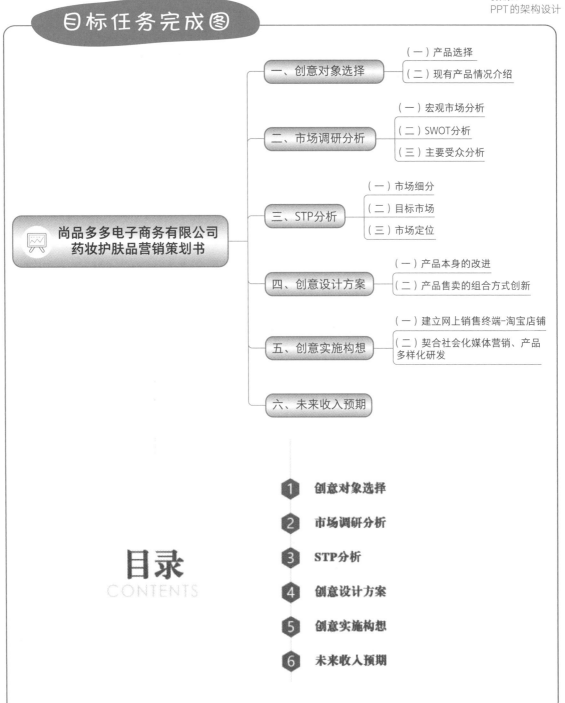

图5–15　PPT逻辑架构目标任务完成图

3.1 思维导图的使用

利用MindManager软件创建思维导图如图5-16所示。

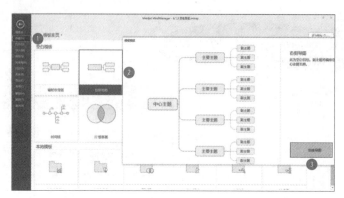

图5-16　利用MindManager软件创建思维导图

① 打开MindManager软件，单击"新建"按钮；

② 选择合适的导图样式类型；

③ 参照预览图样式，单击"创建导图"。

利用MindManager软件编辑思维导图的层级内容如图5-17所示。

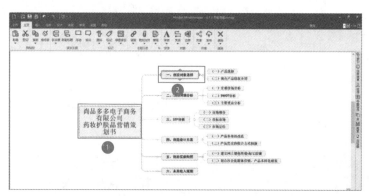

图5-17　利用MindManager软件编辑思维导图的层级内容

① 在中心编辑区内设置主标题；

② 依次向下创建架构层级，二级标题为章节内容，三级标题为章节内的小标题内容。

3.2 逻辑页面的制作

利用第三方插件制作PPT逻辑页面如图5-18所示。

① 单击iSlide插件选项卡；

② 单击"图示库"按钮；

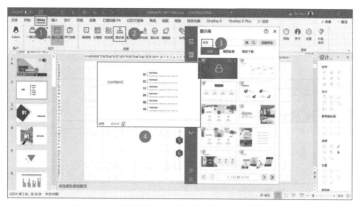

图5-18　利用第三方插件制作PPT逻辑页面

③ 在搜索框内键入"目录"进行图示搜索；

④ 选择合适的目录框架进行插入。

利用第三方插件编辑PPT逻辑页面的具体内容如图5-19所示。

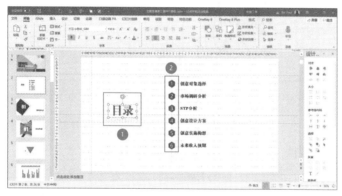

图5-19　利用第三方插件编辑PPT逻辑页面的具体内容

① 在页面显著位置写明"目录"页；

② 依次更新各层级内容，目录、过渡页、结束页的制作过程类似，逻辑页面的
制作都可以通过iSlide来完成。

好学殿堂

除了本节内容中提及的iSlide之外，OneKeyTools、Pocket口袋动画、
PPT美化大师等都是非常好用的PPT第三方插件，这些插件可以拓展PPT的
功能用法，提升PPT本身的操控性和功能性，提高设计效率。

步骤4. 文字样式的基础设置

销售报告演示文稿文字设计目标任务完成图如图5–20所示。

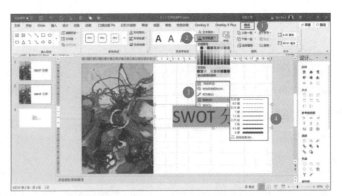

图5-20　销售报告演示文稿文字设计目标任务完成图

4.1　设置文字边框

PPT内文字边框的编辑如图5–21所示。

图5-21　PPT内文字边框的编辑

① 选中目标文本，单击"格式"选项卡；

② 单击"文本轮廓"按钮；

③ 在功能区内选择合适的文字轮廓样式类型；

④ 可进一步在子功能区进行参数的详细调整。

4.2 设置文字填充效果

PPT内文字填充的编辑如图5-22所示。

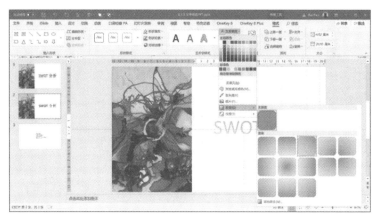

图5-22　PPT内文字填充的编辑

① 选中目标文本，单击"格式"选项卡；

② 单击"文本填充"按钮；

③ 在功能区内选择合适的文字填充样式类型；

④ 可进一步在子功能区进行参数的详细调整。

神灯秘籍

　　在文字填充功能中，巧用"图片填充"可以收到意想不到的美化效果，建议选用美观的色彩拼接图作为填充图，可以提升文字视觉效果，同时建议选用字号较大的第三方字体，可以让文字的填充效果更加饱满。

神灯宝藏

　　进行文字的渐变填充时，可以在https://uigradients.com网站上找到好看的渐变配色，不是专业设计师不要紧，有专业的网站资源供用户拿来即用。

4.3 设置文字样式效果

PPT内文字样式效果的编辑如图5-23所示。

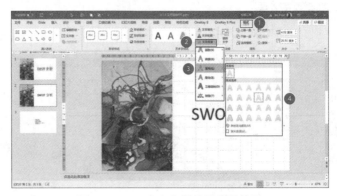

图5-23　PPT内文字样式效果的编辑

① 选中目标文本,单击"格式"选项卡;

② 单击"文本效果"按钮;

③ 在功能区内选择合适的文字效果样式类型;

④ 可进一步在子功能区进行参数的详细调整。

神灯秘籍

　　设置文字样式效果时,可以尝试将发光、阴影等效果的样式适当半透明化,这样可以让文字既有视觉上的美感,又不至于过于凸显效果从而显得突兀,尝试一下吧!

步骤5. 文字段落的调整布局

销售报告演示文稿文字段落目标任务完成图如图5-24所示。

目标任务完成图

- 政府认可度高
- 产品供应能力强
- 当地历史文化源远流长
- 天然药物资源供应
- 取材中医药,药皂成分搭配科学
- 产品功效样式多

图5-24　销售报告演示文稿文字段落目标任务完成图

5.1 为文字段落添加项目符号

插入不同类型的项目符号如图5-25所示。

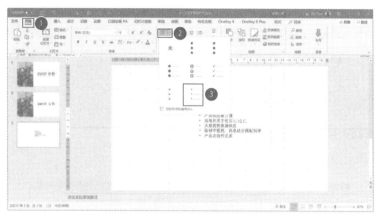

图5-25 插入不同类型的项目符号

① 选中目标文本，单击"开始"选项卡；

② 单击"项目符号"按钮；

③ 在功能区内选择合适的项目符号样式类型。

5.2 文字标尺的合理运用

利用文字标尺调节段落如图5-26所示。

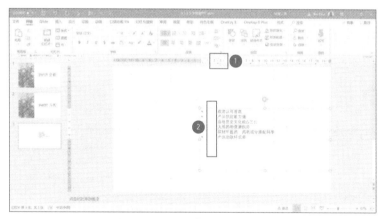

图5-26 利用文字标尺调节段落

① 单击标尺按钮，按住鼠标左键可左右拖动；

② 拖动标尺至适当距离松开即可。

左右互搏

正常移动标尺可以调整段落文字的相对位置，按住**Ctrl**键再移动标尺，则可以精确移动。同理，选中页面元素后，使用方向键可以调整元素的位置，按住**Ctrl**键再使用方向键，则可以进行位置的微移。

5.3 文字段落的详细参数调整

调节文字段落的具体参数如图5–27所示。

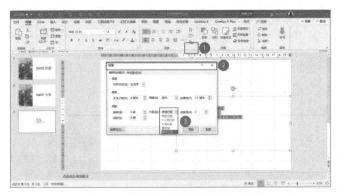

图5–27 调节文字段落的具体参数

① 单击段落调整拓展功能按钮；

② 弹出段落参数窗口；

③ 在窗口内对文字段前、段后距离、行距、缩进方式等进行详细设置。

PPT内文字行距设置有讲究，1.3倍行距被称为PPT内段落设置的"黄金间距"。

步骤6. 文字转SmartArt图形

文字转SmartArt图形目标任务完成图如图5–28所示。

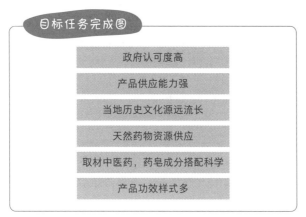

图5–28　文字转SmartArt图形目标任务完成图

6.1 文字一键转SmartArt图形

文字一键转SmartArt图形如图5–29所示。

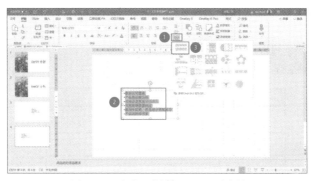

图5–29　文字一键转SmartArt图形

① 选中目标文本；

② 单击"文字转SmartArt图形"功能按钮；

③ 选择合适的SmartArt图形布局类型进行转换。

6.2 调整SmartArt图形的样式

调整SmartArt图形的样式如图5–30所示。

① 单击"格式"选项卡；

② 选择SmartArt图形的颜色、版式等功能调整区；

③ 在子功能区内进行具体的参数调整。

图5-30　调整SmartArt图形的样式

文本段落转换为SmartArt图形后，如果想吃"后悔药"，将其还原成文字也是可以的，可以单击"转换"按钮，再次将其中的文字铺陈为纯文本格式。

步骤7. 数据图表的插入与美化

数据图表的插入与美化目标任务完成图如图5-31所示。

图5-31　数据图表的插入与美化目标任务完成图

7.1 表格的插入

在PPT中插入表格如图5-32所示。

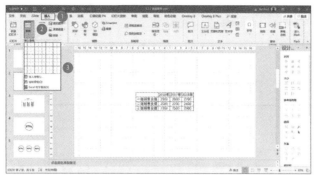

图5-32　在PPT中插入表格

① 单击"插入"选项卡；

② 单击"表格"按钮；

③ 在子功能区内选择想要插入的表格行数、列数。

按照预设参数插入表格如图5-33所示。

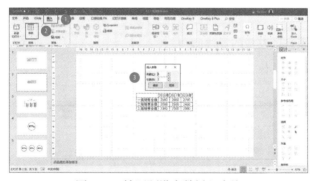

图5-33　按照预设参数插入表格

① 如果软件预设的表格行数、列数无法满足需求，则可以单击"插入"选项卡；

② 单击"表格"按钮，使用"插入表格"功能；

③ 在弹出的子功能窗口内键入想要插入的表格行数、列数。

神灯秘籍

　　PPT内的表格不只有"横平竖直"，插入表格之后，会出现关联菜单"表格工具"，在"表格工具"的"设计"选项卡内，可以在"绘制边框"里单击"绘制表格"，然后用鼠标在绘制的表格框线内横向拖动绘制横线、纵向拖动绘制竖线，也可以在单元格绘制表头斜线。

7.2 图表的插入

在PPT中插入图表如图5-34所示。

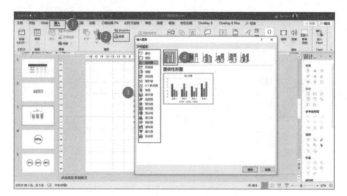

图5-34 在PPT中插入图表

① 单击"插入"选项卡；

② 单击"图表"按钮；

③ 在弹出的子功能窗口内，选择合适的图表类型；

④ 选中具体的图表样式，点击"确定"按钮。

7.3 数据图表各项参数的具体调整

调整数据图表的具体参数如图5-35所示。

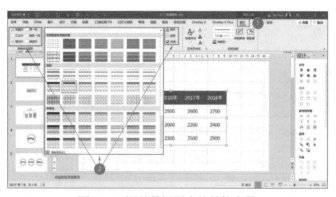

图5-35 调整数据图表的具体参数

① 选中目标表格，单击"设计"选项卡；

② 在"表格样式选项""表格样式"等不同的功能区内进行具体参数调整。

利用第三方插件制作智能图表如图5-36所示。

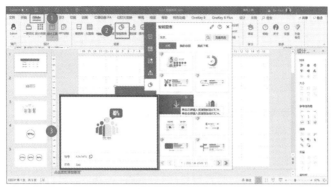

图5-36　利用第三方插件制作智能图表

① 除了PPT软件预设的表格之外，还可以利用之前介绍过的iSlide插件来制作智能图表；

② 单击"智能图表"按钮；

③ 选择合适的图表类型进行数据展示。

 神灯秘籍

> 数据图表的美化要采取"先布局再设计"的原则。所有的美化都要建立内容业已确定的基础上，否则，一旦数据发生变动，则有可能造成前期的美化工作付之东流。

步骤8. PPT与Excel的数据互通

PPT内的数据呈现目标任务完成图如图5-37所示。

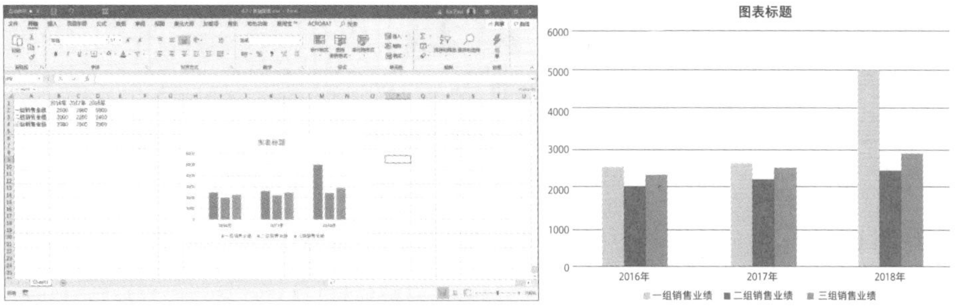

图5-37　PPT内的数据呈现目标任务完成图

议一议：

数据在商业活动中具有重要的参考价值，如何利用PPT的数据展示功能，把业已成型的Excel数据表引入PPT的视觉呈现中？

8.1 在Excel内编辑数据

利用Excel软件编辑数据如图5-38所示。

① 选中目标数据；

② 单击"插入"选项卡；

③ 单击"图表"按钮；

④ 选择合适的图表类型；

⑤ 生成跟目标数据对应的图表。

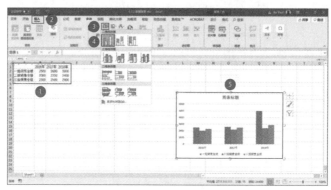

图5-38　利用Excel软件编辑数据

8.2 将Excel内的数据移植到PPT内并处理

调整表格的细节如图5-39所示。

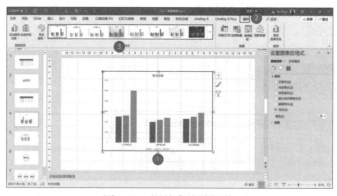

图5-39　调整表格的细节

① 将Excel内生成的图表复制到PPT中并选中；

② 单击"设计"选项卡；

③ 选择不同的功能区，对表格进行细节调整。

神灯秘籍

　　PPT的主要功能是图文混排及设计，对于数据的处理功能当然还是Excel比较强大，相对复杂的数据展示，应采取"Excel内编辑　PPT内美化展示"的原则，两个软件各取所长，综合运用，其方便之处在于，如果Excel内的数据有变动，PPT内的图表也会自动同步。

好学殿堂

　　数据展示的方法多种多样，除了基本的表格、图表等形式之外，还可以通过美观的图形样式设计来表达。在进行重点单项数据展示以及同类数据对比时，运用图形设计来表达往往会收到意想不到的展示效果。例如，使用单个圆形来进行重点单项数据展示、利用多个圆形来进行同类数据对比展示，都是不错的选择。

知识与技能训练

一、单项选择题

1. PPT的常用资源不包括下列（　　　）。

A. 图片资源　　　　　　　　B. 文字资源

C. 图表资源　　　　　　　　D. 模板资源

2. 想获取英文语境下的PPT资源，应选择的搜索引擎是（　　　）。

A. 百度搜索　　　　　　　　B. 必应搜索

C. 搜狐搜索　　　　　　　　D. 有道搜索

3. 在进行第三方字体的安装时，要格外注意字体的（　　　）。

A. 美观问题　　　　　　　　B. 版权问题

C. 颜色问题　　　　　　　　D. 搭配问题

4. 使用全图型商务汇报PPT模板时，怎样实现在背景图片上添加演讲标题？（　　）。

A. 直接插入文本框，进行格式调整

B. 替换背景图片中的文字元素

C. 添加与背景图片大小一致的半透明蒙版，在蒙版上添加文本框

D. 利用图片格式选项卡，将背景图片中的文字元素进行抠除

5. 在一个完整的PPT文件中，可以同时存在（　　）幻灯片母版。

A. 1个　　　　　　　　　　　　B. 3个

C. 5个　　　　　　　　　　　　D. 多个

二、多项选择题

1. PPT提供的默认幻灯片母版大小比例不包括以下（　　　　）。

A. 5:4　　　　　　　　　　　　B. 16:9

C. 3:2　　　　　　　　　　　　D. 1:1

2. 占位符的作用包括（　　　）。

A. 规划幻灯片结构　　　　　　B. 固定页面要素格式

C. 确定默认的要素参数　　　　D. 调节幻灯片大小

3. 在MindManager软件中，架构层级最多可以有多少层？以下说法不正确的是（　　　　）。

A. 3层　　　　　　　　　　　　B. 5层

C. 10层　　　　　　　　　　　　D. 不限制

4. 以下属于PPT内逻辑页面的是（　　　　）。

A. 大标题　　　　　　　　　　B. 目录

C. 过渡页　　　　　　　　　　D. 小标题

5. 关于字体的使用，以下说法不正确的是（　　　　）。

A. 任何字体都可以嵌入　　　　B. 第三方字体的使用不受版权限制

C. 字重越大，则字体线条越宽　D. 字体不能批量安装

三、判断题

1. 在MindManager软件中，可以通过选中编辑框后点击Ctrl+Enter组合键来创建同级主题。（　　　）

2. 通过PPT美化大师插件可以自动创建每个主题分别高亮显示的独立页面。（　　　）

3. "小标题"是一套逻辑架构完整的PPT演示文稿所应具备的基础层级之一。（　　　）

4. 对PPT内可编辑的对象进行调整时，其编辑操作均包括轮廓、填充、效果和大小四种。（　　　）

5. https://uigradients.com是一个实用的PPT图形资源类网站。（　　　）

任务六

制作产品
介绍演示文稿

├ **知识目标**

⊙ 掌握图片的基本设置方式与美化技巧
⊙ 掌握形状的基本处理方式及图形运算的技巧
⊙ 掌握演示文稿中图文混排的基本原则
⊙ 掌握PPT动画的处理技巧
⊙ 掌握PPT页面切换动画的处理技巧
⊙ 掌握创意动画设计的基本原则和技法
⊙ 掌握将演示文稿作为视频输出的方法

├ **技能目标**

⊙ 能够熟练运用PowerPoint软件处理图片、形状并合理进行演示文稿内的图文混排操作
⊙ 能够结合演示逻辑合理添置PPT动画及PPT页面切换动画
⊙ 能够独立设计具有创意的PPT动画并应用于实际的商务活动场景

任务导入：职场小白成长记之制作产品介绍演示文稿

扫一扫：
急活来了！
小白再次遇
到难题。他
为什么感觉
到和别人差
距这么大？

任务介绍

通过制作产品介绍演示文稿，系统学习PPT的图片、形状处理方法及图文混排技巧，并掌握如何添置PPT动画和PPT页面切换动画，综合运用二者进行创意动画设计。

面临问题

➤ 已有相关的商务活动图片素材，该如何对其进行美化处理做好优秀的视觉效果展示呢？

➤ PPT内的预设形状不能满足所有商务场景的应用，该如何通过图形运算功能获得丰富的形状素材呢？

➤ 如何合理添置PPT动画和PPT页面切换动画，并综合二者的不同功能进行创意动画设计呢？

➤ 某些场景下需要将演示文稿转换成视频格式，如何实现呢？

素材介绍

本任务需使用的工作素材为商务活动场景图片、奖品展示图片及演示文稿内用到的公司Logo图片。

商业知识：如何做好产品介绍？

　　按照市场营销学中的经典定义，产品即是作为商品向市场提供的，引起消费者注意、购买或者使用，以满足欲望或需要的任何东西。在现代商业活动中，产品不仅包括实体商品，也包括可满足人们基本生活层面、精神层面等多维度特定需求的服务或附加值等。市场中的产品有千千万万种，作为商业活动从业者，熟悉自我产品及竞品是基本功，在此基础上，能否准确把握产品介绍的内在逻辑及呈现方式，让消费者面对产品介绍能立即读懂并留下深刻印象，往往决定了商业活动的成败。

一、产品介绍的作用

　　介绍的本质即是沟通，产品介绍行为的本质即是将产品的功能、作用以及利好表达清晰，使消费者产生共鸣，进而产生购买欲，其背后就是一种信息表达、促使行动的过程。在销售者与消费者之间，存在着一道信息不对称的鸿沟，而产品作为二者之间的关系纽带，如何有效地传递产品信息，则决定了信息鸿沟的宽度。对于销售者来说，"如何简洁、明了地对自家产品进行描述"是永恒的主题，这直接影响到产品通路的打开与实际销售业绩的增长。

　　企业要做好产品介绍，使其能够调动潜在客户的情绪，引起客户的兴趣，唤起客户的共鸣。按照FAB销售法则，一个好的产品介绍应该将商品本身的特点（feature），商品具有的优势（advantage），商品能够带给客户的利益（benefit）有机结合起来，并按照一定的逻辑顺序加以阐述，形成完整的推销劝说，最终促成消费者的购买行为。

二、产品介绍的原则

1. 熟悉产品和竞品

　　销售者在进行产品介绍时，必须了解互动交流中三个环环相扣的环节，即介绍产品、了解需求、探讨结合点。将自家产品和市场中竞品的基本参数、功能特征、实际用途搞懂、吃透，是取得良好沟通效果的基本前提。除此之外，尤其应当注意将产品及相关服务视作综合体，如售后服务保障、商品价格及结算方式也应当烂熟于心，避免重大短板的出现。

2. 了解消费者需求

面对侃侃而谈的销售者，在听完产品基本情况的介绍之后，消费者的第一反应往往是"这些功能对谁有用？"产品设计是一个"生产者—消费者"的正向进程，生产者主导产品功能的指向，而消费者对于产品的理解往往是逆向的，多是由具体的应用场景反向评判产品的具体价值。因此，销售者在做产品介绍时，要学会从消费者的角度出发，了解其需求，保证彼此之间对于产品价值的理解没有偏差和错位。

> 悟一悟：
>
> 消费者需求为什么如此重要？在进行产品介绍时，要无时无刻记得"介绍"行为的最终目的！"把产品卖出去"是检验销售行为是否合格的最重要标准，要达成这一目标，则要深入挖掘消费者需求，深刻分析消费者心理，真正把握消费者需求。

3. 有理有据说服受众

在做产品介绍时，切忌不择手段、盲目承诺。购买行为产生的根源是产品的独特价值，对于消费者来说，产品的功能、特性能够满足其主观需求，是促成其消费行为的第一推动力。因此，销售者要回到产品本身，避免夸大其词的粉饰性推介，多用客观数据做支撑，有理有据地说服消费者。同时，在进行基本的产品介绍之外，要给予消费者在售后服务、后续保障等方面的关怀，既不能随意夸大事实，也不要有意回避问题，要坦然直面消费者需求，获取信任。

三、产品介绍的技巧

1. 预设场景法

为消费者勾勒出一个实际的产品应用场景，使其能够预先感知到产品的独特价值。

2. 下沉推介法

消费者的关注点即是销售者的痛点，将消费者的利益相关一一摆出，按利益相关度的大小逐次推介，吸引消费者的注意力。

3. 互动反馈法

在做产品介绍的同时，多去倾听消费者的真实反馈，找到其背后的购买驱动力，从消费者的角度做好产品介绍。

4. 假定交易法

尝试描绘出成交后的使用场景，提前关注购买行为产生之后的客户焦虑，拉伸产品介绍的时间维度。

5. 视觉呈现法

引导消费者关注成交之后的利益获取，帮助消费者建立"拥有者心态"，激发用户想象，促成购买行为。

软 件 应 用

一、工具介绍

动画工具是PPT软件的一大亮点，一个好的PPT设计师通常会讲"没有动画的PPT是没有灵魂的"，而动画效果是PPT区别于Office其他组件的显著特色。在PPT的预设中，动画效果包括进入动画、强调动画、退出动画、路径动画及页面切换动画五种常见形式。

1. 进入动画

作为最基础的动画效果，可以根据不同的应用场景，将进入动画置于文本、图形或图片等元素中，具体展示为出现、淡出、浮入等方式，进入动画可以实现幻灯片元素的从无到有及逐次展现。

2. 强调动画

强调动画主要起到吸引观众注意的作用，在幻灯片的放映过程中，可以自由设定幻灯片内的不同元素，通过文字及图形的放大、缩小或闪烁，幻灯片中的特定元素得以被突出，起到强调局部作用。

3. 退出动画

退出动画的直观视觉效果呈现为元素的从有到无、逐渐消失，添加退出动画效果后，特定元素能够以飞出、消失、淡出等方式从幻灯片中消失。在幻灯片的整体逻辑表达中，退出动画起到了独特的作用，对其加以合理应用，可以使幻灯片的逻辑表达更加连贯清晰。

4. 路径动画

路径动画是一种进阶的动画处理技巧。通过设置固定的路径动画，可以让幻灯片内元素按照预设轨迹进行运动，产生强调展示的独特视觉效果。熟练掌握路径动画是通往高阶PPT设计的必由之路，一些可以媲美专业动画的视觉效果就是由不同的路径动画组合、层叠而成的，其路径轨迹数量甚至能以千位数计。

5. 页面切换动画

页面切换动画是一种特别的PPT动画，不同于作用于幻灯片内元素之上的普通动画效果，页面切换动画用以控制不同幻灯片之间的切换视觉效果。添加页面切换动画后，不仅可以实现页面之间的自然过渡，还能够使幻灯片放映变得更加动感，幻灯片的整体演示也会更有层次感。

二、功能介绍

在PPT制作中，预设视图是设计的"主战场"，但是，PPT所提供的视图模式不仅有预设视图，还有其他视图样式，灵活运用不同的视图样式，能够大大提升设计效率、提升设计美感。

1. 普通视图

这是PPT的预设视图样式（见图6-1），也是PPT设计操作的最常用模式。

图6-1　PPT预设视图样式

2. 大纲视图

用鼠标单击左侧小红色框，然后输入幻灯片标题的内容，刚输入的内容将显示在右侧。通过右键操作还可以调整文字的大纲级别。PPT大纲视图样式如图6-2所示。

图6-2　PPT大纲视图样式

3. 幻灯片浏览视图

这是PPT的幻灯片浏览视图样式（见图6-3），在此视图样式下，可以方便地查看所有幻灯片的页面内容。

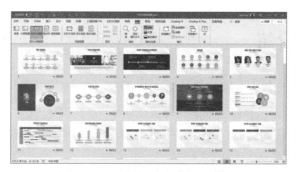

图6-3　PPT幻灯片浏览视图样式

4. 备注视图

在备注视图样式（见图6-4）下，可以快速为幻灯片放映添加文字备注，作为放映时候的演讲辅助，同时，切换到普通视图后，备注文字将在幻灯片下面自动展示。

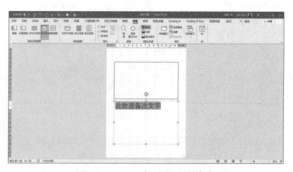

图6-4　PPT备注视图样式

5. 阅读视图

PPT阅读视图样式（见图6-5）为PPT演示内容提供阅读者视角，它更多地被应用在幻灯片轮播、阅览等场景中。

图6-5　PPT阅读视图样式

任 务 操 作

任务导图

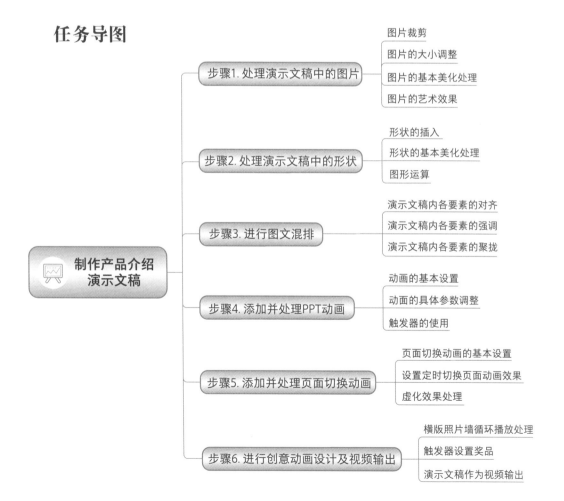

操作步骤

步骤1. 处理演示文稿中的图片

PPT图片处理目标任务完成图如图6-6所示。

图6-6　PPT图片处理目标任务完成图

1.1 图片裁剪

PPT内的图片裁剪如图6-7所示。

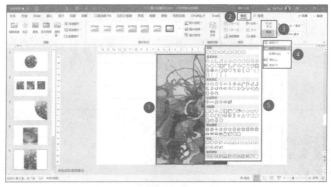

图6-7　PPT内的图片裁剪

① 选中目标图片；

② 单击"格式"选项卡；

③ 选择"裁剪"功能；

④ 使用"裁剪"功能，可以对图片进行"自由裁剪""按形状裁剪""按比例裁剪"等；

⑤ 在子功能区中选择合适的样式完成裁剪。

演示文稿内的裁剪可以混合使用，例如，如果想要将一张矩形图片裁剪为圆形，则可以先将其以1∶1的比例进行裁剪，再将其裁剪为圆形，这样，一张矩形图片就被裁剪为圆形了。

PPT内的裁剪不仅仅可以向内裁剪，还可以向外进行裁剪，以达成形状多变的裁剪效果。综合运用"自由裁剪"和"按形状裁剪"，可以得到不规则形状的图片样式。

1.2 图片的大小调整

PPT内的图片大小调整如图6-8所示。

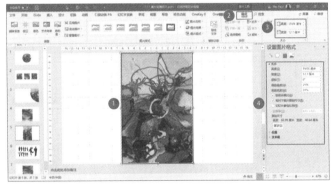

图6-8　PPT内的图片大小调整

① 选中目标图片；

② 单击"格式"选项卡；

③ 找到"大小"功能区，在此可直接键入数值，得到想要的图片大小样式；

④ 单击"设置图片格式"拓展功能按钮，对图片大小或"是否保持纵横比"等参数进行详细设定。

在"设置图片格式"功能区中，"保持纵横比"一栏前边的对钩非常重要，是否勾选此选项，决定了素材图片是否会实现变形和拉伸的视觉效果。

1.3　图片的基本美化处理

PPT内的图片美化处理如图6-9所示。

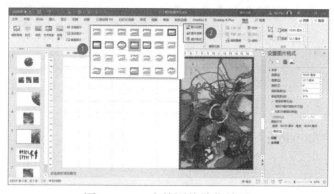

图6-9　PPT内的图片美化处理

① 选中目标图片之后，可以在"格式"选项卡中找到软件预设的图片样式效果，选择合理的样式即可；

② 如果对预设效果不满意，则可以通过具体调整图片的边框、效果以及图片版式来实现更精细的图片样式处理。

如何处理图片才能使其显得"高大上"？建议大家日常多翻阅花瓣网 https://huaban.com/、站酷网 https://www.zcool.com.cn 等专业设计类网站，多了解专业设计师的视觉展示方法，提升自己的审美水准，设计出美观的图片样式。

1.4 图片的艺术效果

为PPT内的图片添加艺术效果如图6-10所示。

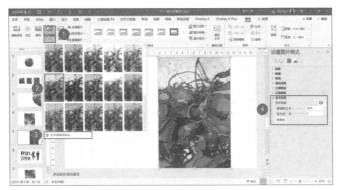

图6-10 为PPT内的图片添加艺术效果

① 选择目标图片，单击"格式"选项卡中的"艺术效果"按钮；

② 选择合适的软件预设艺术效果，此功能相当于Photoshop中的滤镜功能；

③ 单击"艺术效果选项"按钮；

④ 在右侧功能区内进行艺术效果的强弱调整。

神灯秘籍

大家可以尝试多使用图片艺术效果中的"虚化"滤镜，通过调整滤镜的强弱，可以将图片虚化至适合做幻灯片底图的程度，在做好虚化处理的底图上添加文字，可以得到较好的文字展示效果。综合运用之前章节中提到的文字排版技巧，设计出适合做产品展示的PPT幻灯片单页。

步骤2. 处理演示文稿中的形状

PPT形状处理目标任务完成图如图6-11所示。

图6-11 PPT形状处理目标任务完成图

2.1 形状的插入

在PPT内插入形状如图6-12所示。

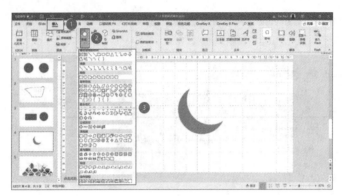

图6-12 在PPT内插入形状

① 单击"插入"选项卡；

② 单击"形状"按钮；

③ 软件内预设了多种形状，选择合适的样式插入幻灯片内。

2.2 形状的基本美化处理

PPT内的形状基本美化处理如图6-13所示。

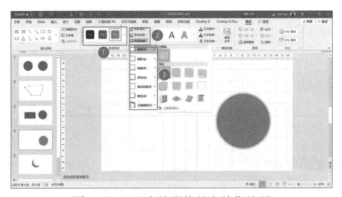

图6-13 PPT内的形状基本美化处理

① 选择目标形状，在"格式"选项卡内找到预设的形状样式；

② 或者通过形状填充、轮廓和效果进行具体调整；

③ 形状填充、轮廓和效果均包括子功能区，可以应用不同的样式。

2.3 图形运算

图形运算的效果实现如图6-14所示。

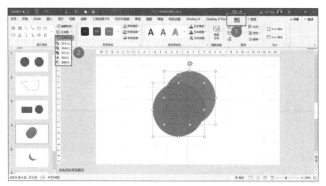

图6-14 图形运算的效果实现

① 选择"格式"选项卡；

② 找到"合并形状"功能区，里面预设了合并、结合、组合、拆分、相交、剪除六种图形运算方法，选择合适的图形运算方法加以应用即可。

图形剪除后的视觉效果如图6-15所示。

> **练一练：**
>
> 试着运用图形运算的技巧，来做出一个完美的"三叶草"图形！

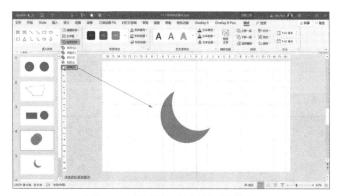

图6-15 图形剪除后的视觉效果

图6-15为两个圆形交叠之后进行剪除后的样式。

 **神灯秘籍**

需要注意的是，进行图形运算时，多个图形的先后点选顺序非常重要，先选中的图形为核心图形，图形运算后的变化都在该图形上体现。

左右互搏

图形的组合快捷键很常用，Ctrl+G组合键为组合图形，Ctrl+Shift+G组合键为取消组合。

微课：
图文混排的
技巧

步骤3. 进行图文混排

PPT图文混排目标任务完成图如图6-16所示。

目标任务完成图

1. 总体分析

中国的经济这些年都保持着6%以上的增长速度，市场交易量逐年的加大，最主要的是居民人均收入的增加，主要表现在居民可支配收入的增加，居民的消费需求已经悄悄地发生了改变，逐渐向洗面奶等液洗产品转变。

2. 国内护肤品市场特点

行业的生产能力严重过剩；中高档产品市场已由国际领先企业的品牌形成稳定的高度垄断的格局；药妆护肤品市场的主要份额集中在中高档价格区间。

作为市场领先者的国际领先企业，可以将下一个目标市场定位于中档产品市场，并采用多品牌策略对目标市场进行渗透；消费者对产品基本功能需求呈现多样化特征，产品功能细分市场差异化程度较高；企业可通过开发新的产品概念形成新的细分市场，并实现增长；品牌与渠道是企业最主要的竞争优势来源。

图6-16　PPT图文混排目标任务完成图

3.1　演示文稿内各要素的对齐

PPT内各要素的对齐处理如图6-17所示。

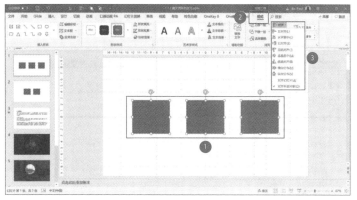

图6-17　PPT内各要素的对齐处理

① 按住Shift键选中多个目标图形；

② 单击"格式"选项卡；

③ 在对齐功能区中进行多个图形的对齐操作，软件预设有多个对齐效果，按需选用即可。

想一想：

回忆一下你所见过的不同PPT，页面内的要素对齐与否是否直接影响了视觉观感？

**神灯秘籍**

在进行演示文稿内的要素对齐操作之前，需要先选中"对齐到幻灯片"或"对齐所选对象"。前者是以幻灯片的边界为参照，将所选对象对齐到幻灯片的边界上，后者是以所选中的对象为互相参照，进行相互对齐。

好学殿堂

对齐操作可以综合使用。例如，在进行演示文稿设计时，经常需要将某一对象置于幻灯片的正中央，这时，可以先将对象进行"水平居中"，再进行一次"垂直居中"，则对象就置于幻灯片正中心了，这个功能会经常用到。

3.2 演示文稿内各要素的强调

PPT内各要素的强调操作如图6-18所示。

图6-18 PPT内各要素的强调操作

① 选择要进行强调的目标文本，单击"开始"选项卡；

② 对文本字号大小进行调整，要强调的文本用较大号字体展示；

③ 也可以单击文字颜色调整按钮，使用不同颜色进行强调。

 神灯秘籍

　　文本强调是制作演示文稿时最常见的强调内容。对文本进行强调，不仅可以通过字号、颜色、字号等调整来实现，还可以通过为文本添加动画效果来实现。

 左右互搏

　　文字大小调整快捷键：每按动一次Ctrl+Shift+＞组合键或Ctrl+】组合键，所选字体增大一个字号；每按动一次Ctrl+Shift+＜组合键或Ctrl+【组合键，所选字体缩小一个字号；如果按住不放可实现快速调节。

3.3 演示文稿内各要素的聚拢

PPT内各要素的聚拢如图6-19所示。

图6-19　PPT内各要素的聚拢操作

① 选中目标文本，单击段落拓展功能按钮；

② 弹出段落功能窗口；

③ 通过调整段落的段前、段后间距来实现文本的聚拢效果。

神灯秘籍

除了通过段落的段前、段后间距参数调整之外，之前章节中提到过的项目符号，也是对文本段落进行聚拢展示的有效工具。而在文本聚拢功能之外，图形的聚拢展示则比较简单，将同类型的对象进行贴近展示即可。

左右互搏

段落左对齐快捷键：Ctrl+L；段落右对齐快捷键：Ctrl+R；段落居中对齐快捷键：Ctrl+E。

步骤4. 添加并处理PPT动画

4.1 动画的基本设置

PPT内的基本动画分类如图6-20所示。

① 选择目标对象；

② 单击"动画"选项卡；

> **议一议：**
>
> 有一种说法：PPT的精髓在于动画设计。那么，PPT内的动画是越多越好吗？怎样做到突出重点又不显得冗余繁复呢？

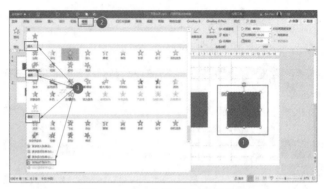

图6-20　PPT内的基本动画分类

③ 可以看到"进入""强调""退出"三种预设动画效果，除此之外，在"其他动作路径"中，还预设了"路径"动画，点选具体的动画效果，即可添加相应的视觉效果，如图6-21所示。

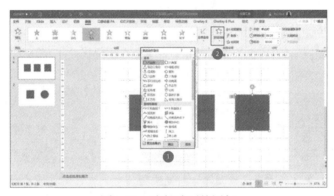

图6-21　路径动画的添加

① 选择相应的"更改动作路径"进行添加操作；

② 在添加了一种动画效果之后，如果想为同一对象额外添加动画效果，则可单击"添加动画"按钮，进行额外动画的添加。

4.2 动画的具体参数调整

PPT内动画的具体参数调整如图6-22所示。

① 单击"动画窗格"按钮，打开右侧动画窗格功能区；

② 双击已经添加的对象动画效果；

③ 弹出参数设置窗口，按需进行具体的动画参数调整。

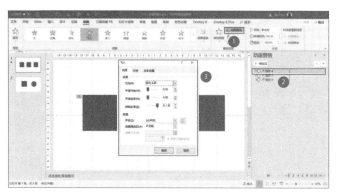

图6-22　PPT内动画的具体参数调整

4.3 触发器的使用

触发器动画的设置如图6-23所示。

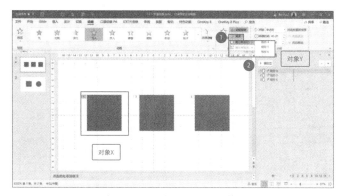

图6-23　触发器动画的设置

① 选中目标对象X并单击"触发"按钮；

② 在触发器功能区内选择对象Y，可以实现单击对象Y触发对象X的动画效果。

步骤5. 添加并处理页面切换动画

5.1 页面切换动画的基本设置

为PPT添加页面切换动画如图6-24所示。

① 选中目标幻灯片；

② 单击"切换"选项卡；

③ 在功能区内选择合适的页面切换效果并应用。

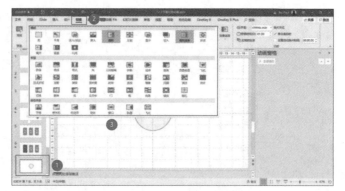

图6-24 为PPT添加页面切换动画

5.2 设置定时切换页面动画效果

设置定时切换页面动画效果如图6-25所示。

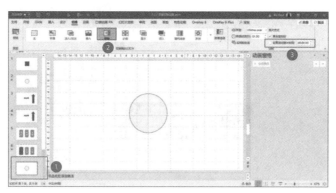

图6-25 设置定时切换页面动画效果

① 选中目标幻灯片；

② 为幻灯片设置"擦除"页面切换效果；

③ 调整"设置自动换片时间"中的时间参数，实现自动切换页面。

5.3 虚化效果处理

虚化效果处理的操作如图6-26所示。

① 一次性选中多张幻灯片；

② 为多张幻灯片同时添加"淡入/淡出"页面切换效果。

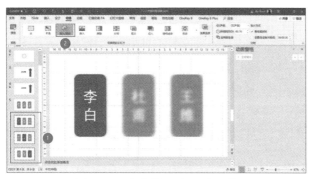

图6-26　虚化效果处理的操作

　神灯秘籍

实现幻灯片虚化过渡的要点在于：不要对幻灯片内的对象添加"淡入/淡出"动画，而要对多张幻灯片添加"淡入/淡出"页面切换效果，这是一个经常混淆的误区，切记！

　好学殿堂

虚化效果的实现，需要结合之前章节中"图片处理"的"艺术效果"部分综合处理，请结合线上微课进行实际操练。

步骤6. 进行创意动画设计及视频输出

6.1 横版照片墙循环播放处理

横版照片墙循环播放处理操作如图6-27所示。

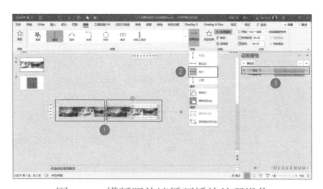

图6-27　横版照片墙循环播放处理操作

① 制作两幅一模一样的照片墙，并做贴合处理；

② 为两幅照片墙添加相同的向右路径动画；

③ 双击右侧"动画窗格"中的动画对象。

横版照片墙循环播放处理中的细节设置如图6-28所示。

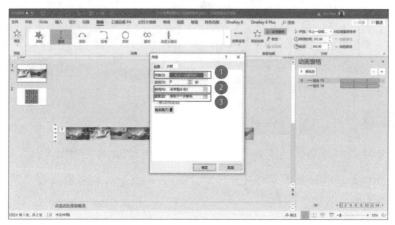

图6-28　横版照片墙循环播放处理中的细节设置

① 在弹出的功能窗口中，将"开始"设置为"与上一动画同时"；

② 将"期间"调整为"非常慢"，以便照片缓慢移动展示；

③ 将"重复"设置为"直到下一次单击"。

 神灯秘籍

　　制作横版照片墙循环播放动画效果，其要点在于两幅照片墙的内容、大小、动画效果需完全一致，且右侧照片墙需贴合幻灯片右沿，向右的路径动画需平移至恰好贴合幻灯片左沿为止，具体演练方式，请结合线上微课进行实际操练。

6.2 触发器设置奖品

利用触发器动画制作抽奖器如图6-29所示。

① 制作9个正方形，序号为1—9，并将其拼接为九宫格；

② 制作9个正方形，其中8个显示为"谢谢"字样，1个显示为中奖字样，拼接为九宫格，置于序号正方形下层；

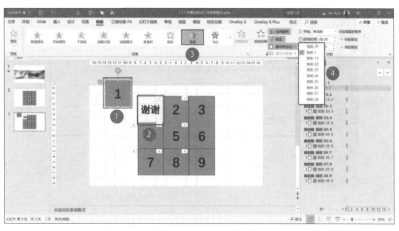

图6-29 利用触发器动画制作抽奖器

③ 为序号正方形添加"淡化"动画；

④ 为序号正方形添加"触发器"效果，实现单击正方形X则正方形X淡化的动
画效果。

 神灯秘籍

> 通过"触发器"设置奖品动画的设置，其要点在于序号正方形和汉字
> 正方形的上下叠放次序。序号正方形在上，汉字正方形在下。添加触发器
> 后，上层的序号正方形点击后淡化，露出下层汉字，实现中奖与否的展示
> 效果。

6.3 演示文稿作为视频输出

将演示文稿作为视频输出如图6-30所示。

① 单击"导出"按钮；

② 单击"创建视频"按钮；

③ 选择合适的视频输出质量，进行演示文稿的视频格式输出。

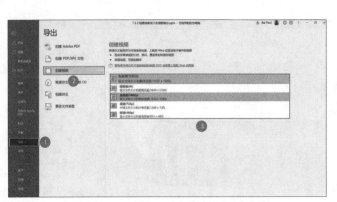

图6-30　将演示文稿作为视频输出

 好学殿堂

　　将演示文稿转换为视频格式，这种方法可以应用在许多商务活动场景中，结合本书所讲的Camtasia、Audition等音视频制作软件，可以有效提升商务场景下的视觉展示效果。

知识与技能训练

一、单项选择题

1. 从当前页面开始放映幻灯片的快捷键是（　　）。

A. F5　　　　　　　　　　　B. Shift+F5

C. F7　　　　　　　　　　　D. Shift+F7

2. 在PPT中，对某张图片进行拖动式复制的操作方式为（　　）。

A. Ctrl+鼠标左键拖动　　　　B. Shift+鼠标左键拖动

C. Ctrl+鼠标右键拖动　　　　D. Shift+鼠标右键拖动

3. 图文混排的三个原则不包括（　　）。

A. 对齐　　　　　　　　　　B. 强调

C. 聚拢　　　　　　　　　　D. 缩放

4. 想要实现两张幻灯片之间的淡入/淡出效果切换，需进行的操作是（　　）。

A. 设置动画效果中的淡入/淡出效果

B. 设置页面切换动画中的淡入/淡出效果

C. 为幻灯片内的所有元素设置淡入/淡出动画

D. 为幻灯片内的特定元素设置淡入/淡出动画

5. PowerPoint 2016中，下列有关保存演示文稿的说法中正确的是（　　）。

A. 只能保存为.pptx格式的演示文稿

B. 能够保存为.docx格式的文档文件

C. 不能保存为.gif格式的图形文件

D. 能够保存为.ppt格式的演示文稿

二、多项选择题

1. 形状的基本编辑内容包括以下（　　）。

A. 填充
B. 轮廓

C. 效果
D. 大小

2. 想要将某个幻灯片内的元素置于绝对中心，不应采取以下（　　）对齐方式的组合。

A. 水平居中+垂直居中
B. 左对齐+水平居中

C. 垂直居中+右对齐
D. 横向分布+水平居中

3. "拖动式"对齐不能使用以下（　　）快捷键。

A. Ctrl
B. Alt

C. Shift
D. Ctrl+Shift

4. PPT动画效果包括以下（　　）类别。

A. 进入动画
B. 退出动画

C. 强调动画
D. 路径动画

5. 想要对文字段落进行分段"聚拢"操作，一般需调整段落格式的（　　）参数。

A. 段前间距
B. 段后间距

C. 行距
D. 缩进值

三、判断题

1. "跷跷板"动画属于PPT动画中的"进入"动画类型。(　　　)

2. 将动画设置中的"期间"参数拉长可以使动画放映节奏更加紧凑。(　　　)

3. 对幻灯片内的某一元素可以同时设置多个动画效果。(　　　)

4. 页面切换动画的实现必须通过单击鼠标来完成。(　　　)

5. 页面切换动画效果必须逐页设置，无法批量设置。(　　　)

任务七

网络商品
图片修图处理

⊢ **知识目标**

⊙ 了解Photoshop CC 2019的操作界面
⊙ 掌握裁剪工具的操作方法
⊙ 掌握填充工具、修复工具、仿制图章工具的操作方法
⊙ 掌握亮度对比度、色阶、曲线、曝光度、饱和度、色彩平衡等调整功能

⊢ **技能目标**

⊙ 能够熟练运用Photoshop编辑处理网络商品图片
⊙ 能利用Photoshop对网络商品图片的明亮度、色彩等进行调整与美化
⊙ 能运用Photoshop制作带有文字描述的网络商品图片

📋 **任务导入：职场小白成长记之制作网络商品图片**

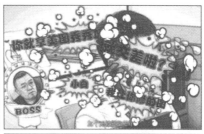

扫一扫：
PS这个词你一定很熟悉吧？修图、P图都是如何操作的？跟着小白来看看吧。

任务介绍

➢ 通过对裁剪工具、修复工具、油漆桶工具、渐变工具、文字工具等工具操作方法的分步学习，学会基本的商品图片修整程序和方法，掌握 Photoshop 修图技巧。

➢ 通过对常用调整工具，如亮度、对比度、色阶、曲线、曝光度、饱和度、色彩平衡等操作方法的学习，学会调整图像品质的技巧。

面临问题

➢ 商品图片四周有多余的部分、图片内容倾斜等应该怎么操作才能修正过来呢？

➢ 拍摄的商品图片上有污点，人物皮肤上有黑点、脏斑。能否处理给予去除呢？

➢ 在商品图片中添加一些文字说明，应该如何操作？

➢ 商品图片的色彩不太饱满，颜色失真，能否进行颜色调整，提升图片品质？

素材介绍

本任务需使用的工作素材为"产品图片"，包含 1 张 JPG 格式的图片文件。

商业知识：商品图片的那些事

伴随着网络技术的迅速发展，互联网走进了千家万户，商品的销售也从线下的商店走向了虚拟网络的世界里，应运而生的便是网络经济的兴起，而在网络经济中，商品的网络展示等表现形式的好坏，直接决定了客户的满意程度，进而影响到商品的销售状况。

一、网络商品图片的重要性

当商品在网络平台销售、展示或者需要通过电子屏幕展示时，客户看不到商品的实物，只能通过商品图片和说明文字对商品进行了解，这就需要准备尽可能全面展示商品品质的网络商品图片。如果商品图没有用心准备和精心设计，就很可能会失去成功交易的机会，甚至降低商品应有的竞争力。因此，网络商品图片除了要能够清晰真实地表现商品外，还要尽量让客户看到后能产生购买欲望。

一幅有视觉冲击力的高品质商品图片能够提升商品的整体视觉效果，影响到客户对商品的认知，进而使客户对商品产生好感，直接提高商品的销量。因此，网络商品图片的重要性不言而喻。

在营销新商品的时候，一张好的商品图片，会给客户留下深刻的印象，可以使本企业的商品在同类商品中脱颖而出，从而提升商品的关注度，通过不断挖掘潜在客户，提高其商品在同类商品中的竞争力。

二、网络商品图片的设计要求

商品图片在网络中起着至关重要的作用。一张好的图片是吸引客户购买的重要因素。一张合格的商品图片，通常具备以下基本特征和要求：

1. 主体物清晰干净，色彩真实

商品图片主要突出主体商品，对背景和道具可以适当进行虚化模糊处理，但是主体物一定要清晰干净，颜色真实，让商品清晰地展现出来，使人犹如看到实物；同时还需要注意视觉效果要带给人美的感受，从而彰显商品的质感，让商品脱颖而出。

2. 颜色正确且大小适中

商品图片的颜色一定要正确，不能失真。主体物在画面中既不能太大，也不能太小，而且要保证亮度充足，使客户能够直接通过图片看清商品细节，否则会使客户在视觉上产生不舒服的感觉，不能为了提高视觉效果而过分渲染商品颜色、质地等，欺瞒客户。

3. 背景色与道具要搭配正确

设置合适的网店商品图片背景，可以让商品更具质感，并能突出其实用性。如白色背景可以使画面整洁清晰，突出商品主体，一目了然。此外，背景颜色和道具的选取一定要以被摄商品为出发点，根据商品的风格类型与特质来选择适合的背景，整体把握图片色调及构图，以便更好地衬托商品主体。

相邻配色：蓝+紫、紫+红、红+橙、黄+绿、绿+蓝等，相邻色协调柔和，可制作出一种温馨的感觉，比较适合用于家居、棉织品、小清新服装、中国风等宁静、柔和传统风格的商品。

间隔配色：黄+蓝、红+黄、橙+红、绿+紫、蓝+红等，间隔色视觉冲击力会强于相邻色，更活泼、对比鲜明。其中，红黄蓝三原色的搭配使用更广泛，促销效果更明显。暖色比冷色更容易吸引眼球，需要把握好重点信息展示的层次。

互补配色：红+绿、橙+蓝、黄+紫等，互补色可表现出力量，展现气势与活力，具有强烈的视觉冲击力。如果两色之间对抗激烈，必须选出主色调，控制好画面的色彩比例，可降低其中一色的明度/饱和度，或加入黑/白作为调和色，缓冲互补色的对抗性。

4. 注重多角度与细节的展示

在展示网络商品时，通常会选用一张最清晰、角度最好的图片作为主图（大图），再配以多张其他角度的图片，多角度展示商品，这样能让客户多方面地了解商品。在网络上，本来客户就仅靠图片来查看商品的外观和颜色，如果客户连商品的侧面都不知道是什么样子，就会增加客户对商品的疑虑，从而降低购买成功率。

细节体现品质，细节图片是客户最关注的信息之一。针对商品局部突出元素进行细节展示，有助于买家对商品进行了解。各种角度的细节展示，可以帮助客户判断商品的质量或功能特点，让客户排除质量方面的疑虑。

5. 适当增加文字内容

在商品图片中可加入品牌、材质、性能、功能等简要的文字性描述或图形，但不宜放入太多文字，加入太多文字会让商品看起来档次低。

6. 注意设置防盗水印标识

在网络平台中，如果客户发现同样一张商品图片在好几家商户平台出现，便会怀疑图片的真实性，从而影响网店销量。在商品图片上添加特色logo及防盗水印，就可以有效防止自己精心设计的商品图片被别人盗用。

7. 关注平台对商品图片的规定

不同的网络平台对商品图片的要求有所不同，在一些网上销售平台上传图片时，要注意平台对商品图片的大小、比例、色彩以及图片类型等方面的细节规定，以避免图片无法上传。

软　件　应　用

一、软件介绍

Photoshop是Adobe公司推出的图形图像处理软件，功能强大，广泛应用于印刷、广告设计、封面制作、网页图像制作、照片编辑等领域。

二、界面介绍

Photoshop CC 2019软件共有五大块区域组成，包括"菜单栏""工具属性栏""工具栏""活动面板"和"图像操作窗口"组成，如图7–1所示，各部分的功能如表7–1所示。

图7–1　Photoshop界面

表7-1　Photoshop界面功能表

名称	功能
菜单栏	包括"文件""编辑""图像""图层""文字""选择""滤镜""3D""视图""窗口""帮助"11个可选菜单。每个菜单下拉都有日常使用广泛的功能
工具属性栏	位于菜单栏下方。可显示和设置工具的不同操作属性，它随着选用工具的改变而改变
标题栏	显示编辑图像的文件名称
工具箱	显示编辑图像的文件名称
图像窗口	用来显示被编辑图像的区域，用于编辑和修改图像
活动面板	右侧的窗口被称为活动面板。可根据需要，将窗口中的菜单调用到这里，更便捷地改变图像的属性
状态栏	显示图像的基本信息

三、工具介绍

1. 修复工具

修复工具可以对图像中存在的瑕疵进行修复，使其更加完美。Photoshop中常用的修复工具有污点修复画笔工具、修复画笔工具、修补工具、仿制图章工具等。

其中，污点修复画笔工具可以快速移去照片中的较小的污点和其他不理想部分；修复画笔工具适用于细长型污损区域的修复工作；仿制图章工具可完成完全复制仿制区域细节的修复工作。

2. 调整色彩工具

Photoshop常用调整色彩的工具主要有亮度对比度、色阶、曲线、曝光度、色相/饱和度、色彩平衡等。如果界面中没有调整浮动窗，可先调出调整工具窗口，操作方法为：单击菜单栏—"窗口"，选择"调整"选项，在活动面板中调出"调整工具组"。

使用"亮度/对比度"调整，可以对图像的色调范围进行简单的调整。

使用"色阶"调整，可以调整图像的阴影、中间调和高光的强度级别，从而校正图像的色调范围和色彩平衡。

使用"曲线"调整中，可以调整图像的整个色调范围内的点，最初，图像的色调在图形上表现为一条直的对角线，在调整图像时，图形右上角区域代表高光，左下角区域代表阴影。图形的水平轴表示输入色阶（初始图像值）；垂直轴表示输出色阶（调整后的新值），曲线中较陡的部分表示对比度较高的区域；曲线中较平的部分表示对比度较低的区域。

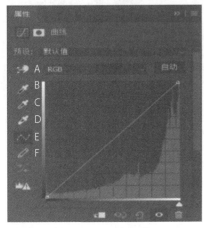

图7-2　曲线调节

曲线和色阶的区别：色阶只与亮度有关，调整的是图片的明暗关系；最亮的是白色，最暗的是黑色；色阶调整是所选图像或区域的全程的调整，不可以调整其中的一部分。

"属性"面板中的曲线调节选项如图7-2所示。各选项的作用如下：

A. 图像调整工具；

B. 在图像中取样以设置黑场；

C. 在图像中取样以设置灰场；

D. 在图像中取样以设置白场；

E. 编辑点以修改曲线；

F. 通过绘制来修改曲线。

使用"色彩平衡"调节，就是使图片色彩得到平衡，可以校正图像偏色，也可以根据自己的喜好和制作需要，调制具有个性化的色彩，更好地展现商品视觉效果。

四、功能介绍

1. 图像分辨率

在计算机中，图像是以数字方式被记录、处理和保存的，所以图像也可以说是数字化图像。数字化图像实际由许多不同颜色的点组成，这些点被称为像素（pixel，英文简称为px）。当许许多多不同颜色的点（即像素）有规律地组合在一起后，便构成了一幅完整的图像。而图像分辨率就是指每英寸图像中含有多少个点或像素，分辨率的默认单位为"点/英寸（英文缩写为dpi）"，例如，300 dpi就表示该图像每英寸含有300个点或像素。在Photoshop中，也可以用"点/厘米"为单位来计算分辨率。

在数字化图像中，分辨率的大小直接影响图像的品质。分辨率越高，图像越清晰，所产生的文件也就越大，在工作中所需的内存和CPU处理时间也就越多。所以在制作图像时，对不同品质的图像就需设置适当的分辨率，这样才能最经济有效地制作出作品，例如，用于打印输出的图像的分辨率就需要高一些，如果只是在屏幕上显示的作品（如多媒体图像或网页图像），分辨率就可以低一些。

另外，图像的尺寸大小、图像的分辨率和图像文件大小三者之间有着很密切的关系。一个分辨率相同的图像，如果尺寸不同，它的文件大小也不同，尺寸越大，所保存的文件也就越大。同样，增加一个图像的分辨率，也会使图像文件变大。

一般作图分辨率设为200点/英寸即可，如果是用来印刷的图像，其分辨率一定要大于或等于300点/英寸。

2. 图像类型

图像类型一般可以分为以下两种：矢量式图像与位图式图像。这两种类型的图像各有特色，也各有优缺点，两者各自的优点恰好可以弥补对方的缺点。因此，在绘图与图像处理的过程中，往往需要将这两种类型的图像综合运用，才能取长补短，使作品更为完善。

① 矢量式图像。矢量式图像以数学描述的方式来记录图像内容。它的内容以线条和色块为主，例如一条线段的数据只需要记录两个端点的坐标、线段的粗细和色彩等。因此它的文件所占的容量较小，也可以很容易地进行放大、缩小或旋转等操作，并且不会失真，可用以制作3D图像。但这种图像有一个缺点，即不易制作色调丰富或色彩变化太多的图像，而且绘制出来的图形不是很逼真，无法像照片一样精确地描述自然界的景观，同时也不易在不同的软件间交换文件。

② 位图式图像。位图式图像弥补了矢量式图像的缺陷，它能够制作出颜色和色调变化丰富的图像，既可以逼真地表现自然界的景观，也可以很容易地在不同软件之间交换文件，这就是位图式图像的优点。其缺点则是它无法制作真正的3D图像，并且图像缩放和旋转时会产生失真现象，同时文件较大，对内存和硬盘空间容量的需求也较高。

位图式图像在保存文件时，需要记录下每一个像素的位置和色彩数据，因此，图像像素越多（即分辨率越高），文件也就越大，处理速度也就越慢。但由于它能够记录下每一个点的数据信息，因此可以精确地记录色调丰富的图像，可以逼真地表现自然界的图像，达到照片般的品质。

Adobe Photoshop属于位图式的图像软件，用它保存的图像都为位图式图像，但它能够与其他矢量图像软件交换文件，且可以打开矢量式图像。在制作Photoshop图像时，像素的数目越多，密度越高，图像就越逼真。

3. 常见图像格式

① PSD（*.psd）。PSD格式是使用Photoshop软件生成图像的默认格式，这种格式支持Photoshop中所有的图层、通道、参考线、注释和颜色模式。在保存图像时，若图像中需要包含有不同的层，则一般都用Photoshop（PDS）格式保存。PSD格式在保存时会将文件压缩以减少占用磁盘空间，但由于PSD格式所包含图像数据信息较多（如图层、通道、剪辑路径、参考线等），因此比其他格式的图像文件要大得多。但PSD文件保留着所有原图像数据信息（如图层、文字），修改起来较为方便，这也是PSD格式的优越之处。若要将具有图层的PSD格式图像保存成其他格式的图像，则在保存时一般会合并图层，即保存后的图像将不具有分层。

② BMP（*.bmp）。BMP（Windows Bitmap）图像文件最早应用于微软公司推出的Microsoft Windows系统，是一种Windows标准的位图式图形文件格式。

③ TIFF（*.tif）。TIFF的英文全名是Tagged Image File Format（标记图像格式）。此格式便于在应用程序之间和计算机平台之间进行图像数据交换。因此，TIFF格式的应用非常广泛，可以在许多图像软件和平台之间转换，是一种灵活的位图图像格式。

④ JPEG（*.jpg; *.jpeg）。JPEG的英文全称是Joint Photographic Experts Group（联合图像专家组）。此格式的图像通常用于图像预览和一些超文本文档中（HTML文档）。JPEG格式的最大特色就是经过高倍率的压缩，文件比较小，是目前所有格式中压缩率最高的格式，但是JPGE格式在压缩保存的过程中会以失真方式丢掉图像中的一些数据，因此保存后的图像与原图有所差别，用于印刷的图像文稿最好不要用此图像格式。

⑤ EPS（*.eps）。EPS（Encapsulated PostScript）格式的应用非常广泛，可以用于绘图或排版，它的最大优点是可以在排版软件中以低分辨率预览，将插入的文件进行编辑排版，而在打印或出胶片时则以高分辨率输出，做到工作效率与图像输出质量两不误。

⑥ GIF（*.gif）。GIF格式是CompuServe公司提供的一种图形格式，在通信传输时较为经济。它也可使用LZW压缩方式将文件压缩而不会太占磁盘空间，因此也是一种经过压缩的格式。这种格式可以支持位图、灰度和索引颜色的颜色模式。GIF格式还可以广泛应用于因特网的HTML网页文档中，但它只能支持8位（256色）的图像文件。

⑦ PNG（*.png）。PNG格式是由Netscape公司开发出来的格式，可以用于网络图像，并且支持透明背景和消除锯齿边缘的功能，而且可以在不失真的情况下压缩保存图像。但由于PNG格式不完全支持所有浏览器，所以在网页中使用PNG格式要比GIF格式少得多。

任务操作

任务导图

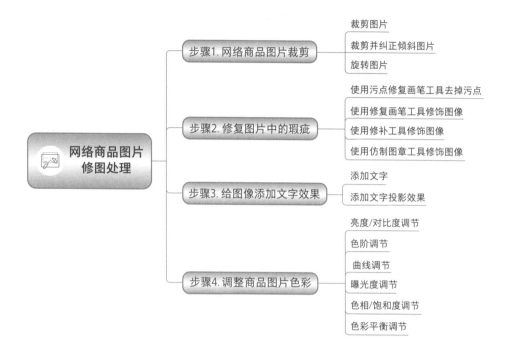

```
                        ┌─ 步骤1.网络商品图片裁剪 ──┬─ 裁剪图片
                        │                          ├─ 裁剪并纠正倾斜图片
                        │                          └─ 旋转图片
                        │
                        │                          ┌─ 使用污点修复画笔工具去掉污点
                        ├─ 步骤2.修复图片中的瑕疵 ──┼─ 使用修复画笔工具修饰图像
  网络商品图片           │                          ├─ 使用修补工具修饰图像
  修图处理 ──────────────┤                          └─ 使用仿制图章工具修饰图像
                        │
                        ├─ 步骤3.给图像添加文字效果 ─┬─ 添加文字
                        │                          └─ 添加文字投影效果
                        │
                        │                          ┌─ 亮度/对比度调节
                        │                          ├─ 色阶调节
                        └─ 步骤4.调整商品图片色彩 ──┼─ 曲线调节
                                                   ├─ 曝光度调节
                                                   ├─ 色相/饱和度调节
                                                   └─ 色彩平衡调节
```

操作步骤

步骤1. 网络商品图片裁剪

图片裁剪调整目标任务完成图如图7-3所示。

微课：
Photoshop
图片处理常
用工具

图7-3　图片裁剪调整目标任务完成图

1.1 裁剪图片

图片裁剪调整如图7-4所示。

图7-4 图片裁剪调整

① 在左侧工具栏中单击鼠标左键，选择裁剪工具；

② 按住鼠标左键拉动裁剪框的某个角点，根据商品图片的需求，调整边缘到合适的位置，或者找到目标裁剪的区域的一角，按住鼠标左键向另一对角拖动鼠标，到达位置后松开鼠标左键，同样可以裁剪掉多余的外部区域；

③ 调整完毕后双击鼠标左键或者按回车键，就完成了裁剪操作。

左右互搏

调出裁剪工具快捷键：Shift+C。

1.2 裁剪并纠正倾斜图片

倾斜图片调整如图7-5所示。

图7-5 倾斜图片调整

① 单击鼠标左键"裁剪工具";

② 将鼠标放置到裁剪框右上角的外侧,当鼠标变为弧形双箭头样式后,按住鼠标左键,向右下方或左上方拖动鼠标,直到将图片调整到合适的角度,松开鼠标左键即可。

1.3 旋转图片

图片旋转操作如图7–6所示。

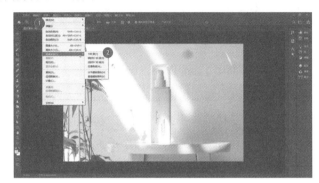

图7–6　图片旋转操作

① 选取"图像"菜单中的"图像旋转"命令;

② 从子菜单中选取下列命令之一,完成旋转:

180°:将图像旋转半圈。

顺时针90°:将图像顺时针旋转1/4圈。

逆时针90°:将图像逆时针旋转1/4圈。

任意角度:按指定的角度旋转图像。如果选取此选项,要在角度文本框中输入一个介于–359.99°和359.99°之间的角度(在Photoshop中,可以选择"顺时针"或"逆时针"以顺时针或逆时针方向旋转),然后单击"确定"。

水平或垂直翻转画布:沿着相应的轴翻转图像。

在实际运用中,可根据需求旋转图片得到不同的效果。

> **想一想:**
>
> 图形图像旋转、翻转可以应用于哪些图片的编辑?

步骤2. 修复图片中的瑕疵

2.1 使用污点修复画笔工具去掉污点

使用污点修复画笔工具去掉污点如图7–7所示。

① 在"修复工具"位置单击鼠标右键,选择污点修复画笔工具;

微课:
产品图片修图处理

图7-7　使用污点修复画笔工具去掉污点

② 左键单击，选择"内容识别"选项；

③ 右键单击鼠标，在弹出的选项栏中调整画笔的大小，让其稍大于污点的直径，"硬度"值可以调得小一些，这样修复出来的效果比较柔和，效果更好；

④ 调整好以后，将鼠标移动到污点处，并在污点处单击鼠标左键，污点就会被周围的颜色溶解消失。

2.2　使用修复画笔工具修饰图像

使用修复画笔工具修饰图像如图7-8所示。

图7-8　使用修复画笔工具修饰图像

① 在"修复工具"位置单击鼠标右键，左键单击选择"修复画笔工具"；

② 右键单击鼠标，在弹出的选项栏中调整画笔的大小，让其直径稍大于修复目标的宽度；

③ 调整好以后，将光标移动到一个颜色、纹路与要修复位置比较相似的位置，按住Alt键后再单击鼠标左键，选取一个取样点；

④ 将光标移动到污点一端位置，并按住鼠标左键，向污点的另一个端点方向拖动，污点就会在模仿取样点周围的颜色与纹路后消失。如果修复后的纹路不能较好地融入图像，可撤销后再选择最合适的取样点，重新操作一遍。

2.3 使用修补工具修饰图像

使用修补工具修饰图像如图7-9所示。

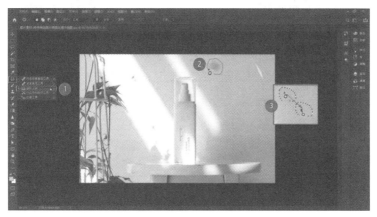

图7-9 使用修补工具修饰图像

① 在"修复工具"位置单击鼠标右键，左键单击选择"修补工具"；

② 将光标放置在修复目标的边缘，按住鼠标左键，沿需要修复的区域边缘画线（线距离要修复区域边缘不要太近），直到形成封闭图形；

③ 将光标移动到所选区域中间，按住鼠标左键，将选区拖动到一个颜色、纹路与要修复位置区域比较相似的区域，判断纹路较为接近时，松开鼠标左键；

④ 按住Ctrl+D组合键取消选区，被修复区域就会模仿目标区域的颜色与纹路。如果修复后的纹路不能较好地融入图像，可针对部分位置，重新操作一遍。

2.4 使用仿制图章工具修饰图像

使用仿制图章工具修饰图像如图7-10所示。

① 在"仿制图章工具"位置单击鼠标右键，单击左键选择"仿制图章工具"；

② 单击鼠标左键，在弹出的选项栏中调整图章的大小，让其直径稍大于修复目标的宽度；

③ 调整好直径以后，将光标移动到颜色、纹路与要修复目标位置相同的区域位置，按住Alt键后再单击鼠标左键，选取一个取样源点；

④ 将光标移动到修复目标一端的位置，并按住鼠标左键，向修复目标的另一个

图7-10　使用仿制图章工具修饰图像

端点方向拖动，被修复区域就会完全复制取样源点周围的颜色与纹路。

好学殿堂

　　仿制图章工具属于完全复制细节的工具，修复的边界缺乏过渡，容易产生明显的分界线，在修复时，要尽量选择纹路和颜色都十分接近的位置进行复制，并细心处理。如果修复时，边界不能较好地融入图像纹路或色彩，应选择其他修复工具。

步骤3. 给图像添加文字效果

3.1 添加文字

给图像添加文字操作步骤如图7-11所示。

图7-11　给图像添加文字操作步骤

　　① 在工具栏中找到"文字工具"，单击鼠标右键后，再单击鼠标左键选择"横排文字工具"；

② 用鼠标左键单击下拉箭头，选择合适的字体；

③ 用鼠标左键单击下拉箭头，选择合适的文字大小；

④ 用鼠标左键单击色块，设置合适的文字颜色；

⑤ 用鼠标左键单击需要填写文字的位置，并录入文字；

⑥ 用鼠标右键单击文字工具，选择直排文字工具，按照上面的程序，可录入竖排的文字。

左右互搏

　　录入文字时，按 Enter 键可以换行。选中文字，按 Ctrl+T 组合键，拖动四周控制方格，可以任意改变文字大小。

3.2 添加文字投影效果

给文字添加投影效果如图 7-12 所示。

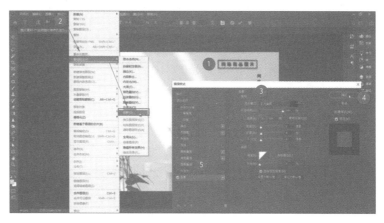

图7-12　给文字添加投影效果

① 选择要为其添加投影的文本所在的图层；

② 用鼠标左键单击"图层"菜单"图层样式"中的"投影"；

③ 在图层样式属性框中，移动滑块，调整更改投影的各个方面参数。其中包括与下方图层混合的方式（A）、投影的颜色（B）、不透明度（C）、光线的角度（D）、与文字或对象的距离（E）以及投影的大小（F）等；

④ 获得满意的投影效果后，单击"确定"；

⑤ 同样的方法，根据需要，还可以添加描边、发光等图形样式。

如果要在另一图层上使用相同的投影设置，可按住Alt键并将"图层"面板中的"投影"图层拖动到其他图层。松开鼠标后，Photoshop就会将投影属性应用于该图层。

步骤4. 调整商品图片色彩

4.1 亮度/对比度调节

图像亮度/对比度调节如图7–13所示。

图7–13　图像亮度/对比度调节

① 在调整窗口栏中找到"亮度/对比度"，单击鼠标左键后，弹出"属性"选项栏；

② 左右滑动滑块，调节亮度/对比度，将亮度滑块向右移动会增加色调值并扩展图像高光，而将亮度滑块向左移动会减少色调值并扩展阴影；

实际操作时，要根据图像的实际情况决定调整的程度。

使用此命令调整图像颜色时，将对图像中所有的像素进行相同程度的调整，从而容易导致图像细节的损失，所以在使用此命令时要细致处理，防止过度调整。

4.2 色阶调节

图像色阶调节如图7-14所示。

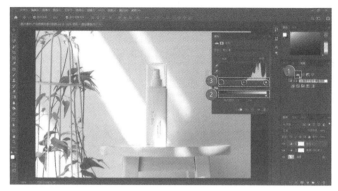

图7-14　图像色阶调节

① 调整窗口栏中找到"色阶"，单击鼠标左键后，弹出"属性"选项栏；

② 左右滑动滑块，调节亮度，向左为减小，向右为增加；

③ 左右滑动滑块，调节色阶；

红圈里的白色三角滑块主要是针对高光区的调节。

红色圈中的黑色三角滑块，主要是针对暗色调的调节，通俗地讲相当于调整对比度。

红色圈中的灰色三角滑块主要是针对中间色调的调节。

实际操作时，要根据图像的实际情况决定调整的程度。

想一想：

色阶和曲线在功能上有哪些不同？

4.3 曲线调节

图像曲线调节如图7-15所示。

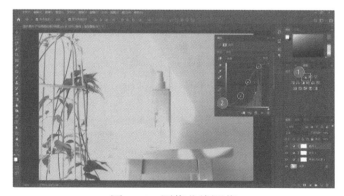

图7-15　图像曲线调节

① 调整窗口栏中找到"曲线"，单击鼠标左键后，弹出"属性"选项栏；

② 在曲线上单击鼠标左键选取调节点，曲线向左上区域弯曲可调亮，向右下方向弯曲可减小亮度。曲线上半部分主要调节高光，下半部分主要调节阴影。

 左右互搏

按住ALT+鼠标左键单击工作区可以切换4×4和10×10的坐标线框。

4.4　曝光度调节

图像曝光度调节如图7-16所示。

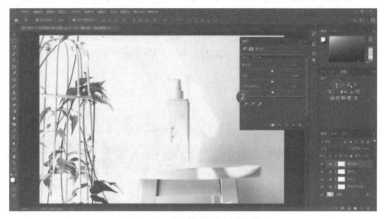

图7-16　图像曝光度调节

① 调整窗口栏中找到"曝光度"，单击鼠标左键后，弹出"属性"选项栏；

② 左右滑动滑块，调节图像曝光度，向左为减小，向右为增加。

实际操作时，要根据图像的实际情况决定调整的程度。

4.5　色相/饱和度调节

图像色相/饱和度调节如图7-17所示。

① 在调整窗口栏中单击"色相/饱和度"，弹出"属性"选项栏；

② 左右滑动滑块，调节图像色彩饱和度，向左为减小，向右为增加。

实际操作时，要根据图像的实际情况决定调整的程度。

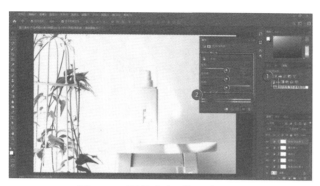

图7-17　图像色相/饱和度调节

 神灯秘籍

在属性选项栏单击 激活吸管，用吸管在图像中吸取某个色值，则可以针对某个色彩范围调整饱和度；此时可以选取 按钮使用，第一个吸管为直接选取，第二、三个吸管为调整吸管，用于增加或减少色值范围。

4.6 色彩平衡调节

图像色彩平衡调节如图7-18所示。

图7-18　图像色彩平衡调节

① 调整窗口栏中找到"色彩平衡"，单击鼠标左键后，弹出"属性"选项栏；

② 可分别选取对图像的阴影、中间调、高光进行色调调整，以补色的原理对图像的色相进行调整；

③ 有三个互补色调色滑块，左右滑动滑块可调节图像色彩的色温趋向；勾选"保留明度"，调整时色彩的明度不发生改变，仅色相进行变化。

实际操作时，要根据图像的实际情况决定调整的程度。

神灯秘籍

　　图片明亮度和色彩调整的程度没有确切的标准，要根据实际需要的视觉效果来选择合适的工具和调节程度进行细致调节。如果感觉调整后的效果不够好，可以撤销操作，重新调整。

知识与技能训练

一、单项选择题

1. 在Photoshop中使用仿制图章工具，需按住（　　）键并单击鼠标左键确定取样点。

A. Alt　　　　　　　　　　B. Ctrl

C. Shift　　　　　　　　　D. Tab

2. 计算机图形图像分为两大类，其中与像素相关的是（　　）。

A. 矢量图　　　　　　　　B. 位图

C. 数码图像　　　　　　　D. 彩图

3. 使用"曲线"调整图像时，图形右上角区域代表高光，左下角区域代表（　　）。

A. 低光　　　　　　　　　B. 白色

C. 高亮　　　　　　　　　D. 阴影

4. 新建、打开文件的快捷键分别是（　　）组合键。

A. Ctrl+C　Ctrl+M　　　　B. Ctrl+V　Ctrl+N

C. Ctrl+N　Ctrl+O　　　　D. Ctrl+X　Ctrl+D

5. 下列（　　）命令可以方便地调节图像，使图片色彩得到平衡。

A. 色阶　　　　　　　　　B. 对比度

C. 色彩平衡　　　　　　　D. 样式

二、多项选择题

1. 在"图像大小"命令选项栏中可设定图像的（　　　　）。

A. 宽度　　　　　　　　　B. 高度

C. 分辨率　　　　　　　　D. 文件格式

2. 修补工具选项栏中包括（　　　　）。

A. 源　　　　　　　　　　B. 目标

C. 透明　　　　　　　　　D. 对象

3. 在 Photoshop 中执行"图像">"图像旋转"命令（　　　　）。

A. 可以顺时针旋转90°　　B. 可以旋转180°

C. 可以任意角度旋转　　　D. 可以水平翻转

4. 在 Photoshop 中，下面有关仿制图章工具的使用描述正确的是（　　　　）。

A. 仿制图章工具只能在本图像上取样并用于本图像中

B. 仿制图章工具可以在任何一张打开的图像上取样，并用于任何一张图像中

C. 仿制图章工具一次只能确定一个取样点

D. 在使用仿制图章工具的时候，可以改变图章的大小

5. 常用的修复工具有（　　　　）。

A. 污点修复画笔工具　　　B. 修复画笔工具

C. 修补工具　　　　　　　D. 仿制图章工具

三、判断题

1. 选中文字图层，按Ctrl+T，拖动四周控制方格可以任意改变文字大小。（　　　）

2. 裁剪工具可以减少图像的色彩饱和度。（　　　）

3. 在 Photoshop 中，调节曝光度，值越高图像就越亮，值越低就越暗。（　　　）

4. 色阶只与亮度有关，调整的是图像明暗关系。（　　　）

5. 使用"污点修复画笔工具"时需要选取一个取样点。（　　　）

任务八

制作商业海报

├ 知识目标

- ⊙ 掌握魔棒选区抠图的操作步骤和方法
- ⊙ 掌握利用钢笔工具选区抠图的操作步骤和方法
- ⊙ 掌握利用色彩通道抠图的操作步骤和方法
- ⊙ 掌握设计多图层商务海报的操作步骤和方法

├ 技能目标

- ⊙ 能够熟练运用Photoshop完成不同类型图像的抠图工作
- ⊙ 能利用Photoshop抠图功能编辑合成图片
- ⊙ 能运用Photoshop设计带有文字和图像的商业广告、海报等

任务导入：职场小白成长记之制作商业海报

扫一扫：
会修两张图就能搞定Boss的任务吗？没那么简单，抠图、调色、合成都一块来吧！

任务介绍

➢ 通过魔棒工具选区抠图法、钢笔工具选区抠图法、通道抠图法的学习，学会基本的图片抠取程序和技术，掌握Photoshop抠图技巧。

➢ 通过学习一般的图片合成方法：选择背景图、抠图、合并、添加文字、调色等，学会利用Photoshop完成商业广告、海报的设计制作。

面临问题

➢ 想把图片中的人物抠取出来，应该怎么操作才能实现细节的保留？

➢ 抠取产品图片时如何保留半透明效果呢？

➢ 想要给产品设计一张宣传海报，应该如何操作？

➢ 如何实现商业海报图文并茂的效果呢？

素材介绍

本任务需使用的工作素材为"产品图片"，包含7张jpg图片文件。

231

商业知识：如何制作商业海报？

在这个需要创新的时代里，商业海报的设计需要具有创新精神，要做到与众不同，将所有美观的元素进行整合，通过图文并茂的方式表现出企业专属的独特设计风格，达到宣传企业和产品的目的。

商业海报是指宣传商品或服务的商业广告性海报，通过醒目的画面来吸引消费者的注意，达到宣传商品的目的。商业海报的主要作用是通知与展示性的，应该主题鲜明、简明扼要，能够让人一眼看出商品信息。

商业海报的设计者要在海报设计中把握好图形、文字、色彩的关系，将商业海报作为一件独特的艺术品来进行设计。

一、商业海报的类型

1. 活动类海报

活动类海报需要达到宣传晚会、赛事、活动的目的，激发消费者的参与热情。活动类海报要明确体现活动的时间、地点，同时通过画面的设计体现出活动的特色，要引人入胜，让消费者产生身临其境的感受，提高观众的参与度。

2. 电影海报

电影海报主要是用来公布电影的名称、时间、地点、主要剧情等。这种海报通常会描绘出主人公的形象，或者通过电影的某个独特剧情来扩大宣传力度，达到吸引影迷观影的目的。

3. 产品宣传类海报

产品宣传类海报就是对企业将要推出的产品进行展示、宣传，产品宣传类海报要重点突出产品的优势，吸引消费者注意，引起其购买欲望。

二、商业海报的设计方法

1. 文字设计

在海报的设计中，文字的设计是一个重点，在一张海报中占有很大比重，通过文字能够清晰地表述出海报的主要内容。海报文字的设计可以借鉴书法的表现形式，来凸显海报的艺术性。设计字体要以企业和品牌的个性为基础，设计出独具特色的文字，这些文字要比普通字体更美观，内涵更丰富，能够使人们看到设计者的用心。

2. 图形设计

图形设计是海报设计中的最重要环节，能起到衬托、美化海报的作用。图形能够直接表达出海报宣传的重点。在海报内图设计上，可以将多种图形结合，做出抽象的几何效果。海报的图形设计还包括海报的轮廓形状，在生活中最常见的海报都是矩形的海报，但不需要局限于此，也可以根据宣传产品制作出圆形、星形等多种形状的海报，这样可以给人新鲜感。

3. 色彩设计

色彩能给人最直观的感受，在商业海报的设计中要重视对色彩的运用。色彩的个性要与产品的形象相通，色彩的基调会影响消费者对产品的印象。在色彩的运用时，一些需要特别宣传的产品可以用特定的色彩进行标注，以引起读者的注意。

不同的色彩能够给人不同的感受。例如，红色代表着活力、热情；绿色代表着健康、生命、生机；蓝色代表着广阔、理性、沉稳；白色代表着纯洁、简单。掌握色彩的含义和搭配方法是做好商业海报的基础，一张商业海报设计的好坏，最主要的评价方式就是色彩的运用，通过色彩搭配来体现商业海报的艺术感和冲击力。

总之，商业海报的设计要综合考虑文字、图形、色彩等多方面的因素，只有这些因素相互协调，才能准确表现出海报中的商品。海报既要体现美感，又要达到宣传目的，一张优秀的海报应该是内容和形式完美统一、审美和视觉感受统一的带有强力视觉冲击力的海报。

制作商业海报，还应该遵守相关法律法规，遵循公平、诚实信用的原则，不能含有虚假或者引人误解的内容，不能存在欺骗、夸大、误导等信息。

软 件 应 用

一、功能介绍

"抠图"是图像处理中最常用的操作之一，将图像中需要的部分从画面中精确地提取出来被称为抠图，抠图是后续图像处理的重要基础。Photoshop中的抠图方法有很多，常用的有魔棒工具抠图、钢笔工具抠图和通道工具抠图。

1. 魔棒工具抠图

魔棒工具抠图实际上是利用魔棒工具快速建立选区、抠取背景区域的功能，适合用于对背景色单一的图像进行抠图。

使用魔棒工具抠图进行调整边缘操作时，如果抠取对象主体边缘本身是明确的，但经过调整后出现红色边缘溶解、减弱的现象，则说明该区域颜色与背景色接近，不适合调整，应在该位置撤销调整边缘操作。如果边缘本身是模糊渐变、半透明的，或者是交织错落（如毛发、树叶等），则应多进行几次后文中"利用魔棒工具建立选区"动作⑦的操作，直到背景色和主体物区分明显为止。

2. 钢笔工具抠图

钢笔抠图是最基本、最实用的Photoshop抠图技巧。特别适合在图中被抠取目标的颜色和背景色十分接近的情况下进行抠图操作。

在使用钢笔工具时，如果标记路径锚点位置不合适，可用Ctrl+Z组合键撤销操作，再重新标记。操作要细致、有耐心。

3. 通道工具抠图

运用通道色差值明显的原理进行抠图，可以较为简单地处理有着复杂细节的图像抠图工作（例如发丝、半透明区域等），既省时又省力。

二、工具介绍

1. 使用魔棒工具选区抠图

使用魔棒工具建立选区如图8-1所示。

图8-1　使用魔棒工具建立选区

① 工具栏中找到"魔棒工具"，单击鼠标右键后，再单击鼠标左键选择"魔棒工具"；

② 在工具属性栏中，设置容差值，在"连续""消除锯齿"前面打钩。容差值的大小决定选择区域的色彩相似度，容差值越小，选择的连续区域就会根据颜色相似度相应减小；

③ 使用魔棒工具单击色彩连续区域的某一位置的取样点，与取样点颜色接近的这些连续的色彩区域就会被选中，可看到蚂蚁线将选区包围，表示该区域为选中区域。

使用调整边缘画笔工具调整选区如图8-2所示。

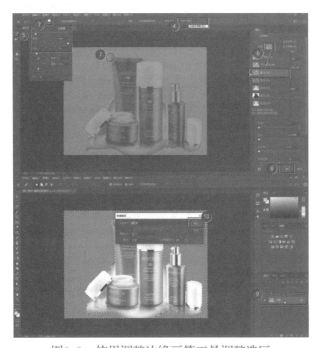

图8-2　使用调整边缘画笔工具调整选区

④ 用鼠标左键单击"选择并遮住";

⑤ 用鼠标左键单击"调整边缘画笔工具";

⑥ 用鼠标左键单击,选择"叠加"样式;

⑦ 用鼠标左键单击,左右拖动滑块,调整光标大小,使其略大于边缘,调整硬度为100%,然后按住鼠标左键在沿红色边缘拖动鼠标,使边缘分界更加清楚;

⑧ 单击"确定"按钮,回到选区界面;

⑨ 用鼠标左键双击背景图层;

⑩ 点击"确定",建立普通图层0;

⑪ 按Delete键完成抠图操作。

2. 使用钢笔工具选区抠图

使用钢笔工具建立选区如图8-3所示。

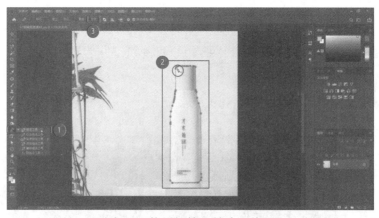

图8-3　使用钢笔工具建立选区

① 用鼠标右键单击工具栏中的"钢笔工具",用鼠标左键单击并选择"钢笔工具"。

② 沿需要抠取目标的边缘交界处,持续点击鼠标左键,建立若干路径锚点,直到首尾相接,形成一个闭合的工作路径。点击时,在弧形边缘可按住ALT键,同时在锚点上按住左键向某个角度拖动鼠标,使路径变成弧形,贴合边缘更加紧密;直线型边缘,在边缘两端分别点击鼠标即可;不规则形边缘,则需要沿边界持续点击鼠标左键,特别是拐点处,更要细致,这样做的目的就是要让选区与边缘紧密贴合。

③ 单击"建立蒙版"按钮,就完成了抠图工作。

3. 利用色彩通道抠图

利用色彩通道抠图如图8-4所示。

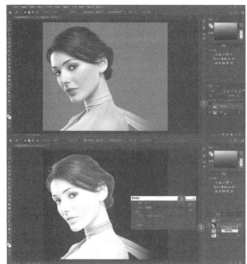

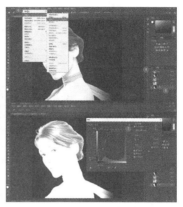

（b）调节通道图层操作步骤

（a）建立通道图层操作步骤

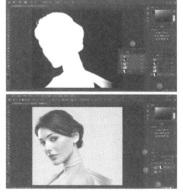

（c）通道图层填充操作步骤　　（d）利用通道图层抠取图像操作步骤

图8-4　利用色彩通道抠图

① 用鼠标左键单击背景，按快捷键Ctrl+J，复制一个图层，将背景图层隐藏；

② 单击鼠标左键，选择"通道"，打开通道窗口。用鼠标左键依次单击红、绿、蓝单个通道，最后单击鼠标左键，选择一个明暗对比最为明显的通道（这幅图的"红色通道"明暗对比最为明显，那就选择"红色通道"），用鼠标右键单击该通道，然后左键单击"复制通道"按钮；

③ 用鼠标左键单击"确定"按钮，复制出一个新的红色图层；

④ 将其他通道前面的"小眼睛"通过单击鼠标左键去掉，使其不可见，只留下复制通道能显示小眼睛，作为可见图层；

⑤ 在复制通道上单击左键，选中该通道；

⑥ 用鼠标左键依次单击"图像"—"调整"—"曲线"，调出曲线调节控制窗口；

⑦ 在曲线调整控制窗口，调节通道的明暗对比，使其对比更加强烈，让白色的地方更亮，黑色的地方更暗，所以要将曲线上半段向左上弯曲，曲线下半段向右下方弯曲，增加对比度；

在通道中，白色表示被选区，黑色表示非被选区，灰色则表示该区域在被抠取后将呈现半透明效果，因此，这一步需要用画笔工具，把要抠取掉的背景变为黑色，把要留下的人物主体变成纯白色，而对纱巾末端半透明处不做描白处理；

⑧ 用鼠标右键单击工具栏"画笔工具"，然后用鼠标左键选择"画笔工具"；

⑨ 设置画笔颜色为白色；

⑩ 用画笔对将要抠取对象进行涂抹，完全填充白色，其中，为呈现半透明效果，对右下角纱巾末端保留灰色，不予描白；

⑪ 用画笔对将要去除的背景进行涂抹，完全填充黑色，涂抹边缘时要小心细致，可以按住Alt键，向前推鼠标滚轮，将图像放大后涂抹；

⑫ 执行"将通道作为选区载入"命令，即可得到选区，图中蚂蚁线效果就出来了；

⑬ 此时单击RGB复合通道，并将"红　拷贝"图层前边的"眼睛"点掉，设置为"隐藏"；

⑭ 用鼠标左键单击"图层"选项卡，回到图层视图；

⑮ 将背景图层设置为"隐藏"或直接删除；

⑯ 执行"添加矢量蒙版"命令，即可完成抠图。

任 务 操 作

任务导图

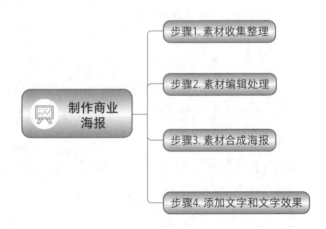

操作步骤

设计制作商业海报

设计制作商业海报目标任务完成图如图8-5所示。

图8-5　设计制作商业海报目标完成图

设计制作商业海报是Photoshop图片处理和平面设计重要应用之一，通过图层的覆叠与裁切，可制作多图层商业海报等。

一般情况下，设计制作商业海报需要收集整理素材、素材编辑处理、素材合成、添加文字及文字效果等步骤。

步骤1. 素材收集整理

在制作海报之前，首先要按照设计海报的预案，收集整理相关图片素材，一般需要收集产品主题图、背景图、提升效果的配图等。图片可以是自己拍摄的产品或者人像图片，也可以在网络上下载，下载素材图要注意不要侵犯他人的版权、肖像权等。

例如，要设计目标完成图中这样一张商业海报，至少需要收集三方面素材：产品图、海报背景、广告模特图片，如图8-6所示。

（a）产品图　　　　　　　　（b）海报背景　　　　　（c）广告模特图片

图8-6　制作海报素材图

微课：
产品图片抠
图处理（上）

微课：
产品图片抠
图处理（下）

步骤2. 素材编辑处理

制作海报之前，根据设计需要，要对收集到的素材进行裁剪、调色、抠图等编辑与美化操作，以达到海报设计需求。素材抠图后的效果如图8-7所示。

图8-7　素材抠图后的效果

① 在Photoshop软件中打开素材图；

② 分别把产品和模特人像进行调色和抠图处理。

调色和抠图的方法步骤，请参照前面章节，不再重复演示。

抠图的方式应根据素材内容选择合适的抠图方法，也可以综合使用。

神灯秘籍

　　在处理素材，特别是抠图时，一定要耐心细致做好边缘效果的处理，尽量不损伤图片细节。

议一议：
抠图时如何保证边缘细节？

为了操作方便，可以采取窗口分开放置的办法，将所有素材显示到编辑窗口内。素材分窗口显示如图8-8所示。

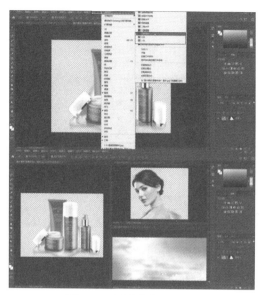

图8-8 素材分窗口显示

步骤3. 素材合成海报

素材合成操作如图8-9所示。

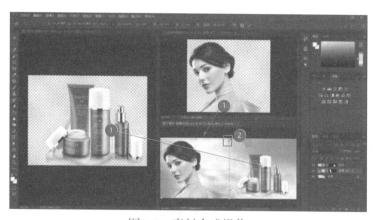

图8-9 素材合成操作

① 合成图像：使用移动工具将抠取好的素材放入背景图。选择移动工具，用鼠标左键按住素材图层，直接将其拖动到背景图中去；或者选中图层，使用"拷贝"（Ctrl+C组合键）—"粘贴"（Ctrl+V组合键）命令，将素材放置到背景图中合适的位置。

② 调整图像位置和大小：选择要调整的图层，在四周的控制方格中，按住鼠标左键，拉动调整素材图像到合适大小。

③ 使用"移动工具"调整素材位置。

步骤4. 添加文字和文字效果

添加文字和文字效果如图8-10所示。

（a）添加文字

（b）添加文字效果

（c）文件存储

图8-10　添加文字和文字效果

① 用"横排文字工具"插入文字。方法步骤，请参照前面章节，不再重复演示。按Ctrl+T组合键，调整文字大小。

② 选中文字图层，左键单击"图层样式"按钮，弹出图层样式设置对话框。选择"投影"选项，在控制窗口拖动滑块，调节阴影样式的参数；

③ 设计完成，单击"文件"—"存储为"，选择需要的文件格式进行存档。

悟一悟：

举一反三，思考一下海报的制作还有哪些技巧？

本任务简单说明了设计的过程，现实工作中可能有更多的素材需要融入设计中，不同素材的处理方法基本相似，素材处理与拼合参考以上方法步骤即可。

知识与技能训练

一、单项选择题

1. 魔棒法抠图最适用于下列（　　　）图像。

A. 图像和背景色色差明显，背景色单一，图像边界清晰

B. 图像和背景色色差不明显

C. 图片颜色丰富，背景颜色多变

2. 运用通道抠图时，一般选择抠图目标区与背景颜色对比度（　　　）的通道并复制它，作为抠图选区通道。

A. 相似　　　　　　　　　　B. 最接近

C. 差别最大　　　　　　　　D. 相同

3. Photoshop中利用钢笔工具抠选好路径，要单击下面（　　　）按钮，形成选区。

A. 选择区域　　　　　　　　B. 建立选区

C. 复制图层　　　　　　　　D. 建立通道

4. 用（　　　）组合键可以取消选区。

A. Ctrl+F　　　　　　　　　B. Ctrl+E

C. Ctrl+C　　　　　　　　　D. Ctrl+D

5. 若要进入快速蒙版状态，应该（　　　）。

A. 建立一个选区　　　　　　B. 选择一个Alpha通道

C. 单机快速蒙版图标　　　　D. 在"编辑"菜单中选"快速蒙版"

二、多项选择题

1. 商业海报可分为以下（　　　　　　）类型。

A．彩色海报　　　　　　　　B．活动类海报

C．电影海报　　　　　　　　　D．产品宣传类海报

2．使用钢笔工具可以创建的是（　　　　　）。

A．选区　　　　　　　　　　　B．形状

C．路径　　　　　　　　　　　D．羽化

3．下列属于调整边缘画笔工具视图模式的是（　　　　　）。

A．叠加　　　　　　　　　　　B．黑底

C．黑白　　　　　　　　　　　D．图层

4．去掉选区内的图层，可以通过键盘（　　　　　）完成。

A．Delete 键　　　　　　　　　B．Ctrl+X 组合键

C．Ctrl+O 组合键　　　　　　　D．Backspace 键

5．利用文字工具可以录入（　　　　　）。

A．横排文字　　　　　　　　　B．段落

C．直排文字　　　　　　　　　D．文字蒙版

三、判断题

1．魔棒工具属性栏中容差的值不同，魔棒工具选区的大小也会有所不同。
（　　　）

2．使用钢笔工具建立选区时，路径大小不能做调整。（　　　）

3．使用"画笔工具"可以在某个单色通道内绘制黑白色。（　　　）

4．新建图层的透明度是不能修改的。（　　　）

5．使用"拷贝"（Ctrl+C）—"粘贴"（Ctrl+V）命令，可以移动图层到其他图层或文件中。（　　　）

任务九

商务活动
音频处理

├ **知识目标**

⊙ 了解音频的格式及特点

⊙ 熟悉Adobe Audition的基本界面和常用功能图标

⊙ 掌握导入音频、音量调节、复制/剪切/粘贴及导出音频的操作方法

⊙ 掌握降噪、混响、变速和变调的操作方法

⊙ 掌握录音、生成语音、多轨音频混缩输出的操作方法

├ **技能目标**

⊙ 能够熟练运用Audition编辑声音及导出保存

⊙ 能利用Audition进行录音、多轨配音并输出

⊙ 能根据实际工作需要，制作完整的音频文件

📧 任务导入：职场小白成长记之制作产品发布会音频

扫一扫：
小白又接到
一项新任务。
产品发布会
的音频要怎
么做？

任务介绍

公司产品发布会音频包括暖场音乐和新产品宣传音频。通过制作上述音频文件，系统学习 Adobe Audition 的单音轨、多音轨音频编辑相关功能，以及个性化设置声音、录音等内容。

面临问题

➢ 怎样制作会议暖场音乐？

➢ 如何用计算机录制清晰的声音文件？

➢ 能否降低录音的噪声，提高音量和清晰度？

➢ 怎样将录制好的广告语和背景音乐合并输出，制作产品宣传音频？

素材介绍

本任务需使用的工作素材为不同风格、效果的音频片段，包括背景音乐及人声等。

商业知识：商务活动与商务活动音频运用

随着市场经济不断发展，社会的商业化程度不断提高，各经济主体间的商务往来日益频繁，商务活动已渗透社会的每一个角落，并呈现多样化的特点。

一、商务活动与商务会议

商务活动是指经济体为实现其生产经营目的而从事的各类有关资源、知识、信息交易等活动的总称。从形式来看，商务活动主要包括商务拜访及接待、商务馈赠、商务宴请、商务会议及庆典等。其中商务会议及庆典具有参与人数多、影响面大的特点，属于重要的商务活动类型之一，本部分进行重点介绍。

商务会议是具有商务、商业性质的会议，包括与会者、主持人、议题、名称、时间和地点共六个要素，在办会和参会时要特别注意。

二、商务会议的类型

根据不同的主旨和功能，商务会议分为发布会、公司年会、商务庆典、展览会、商务洽谈会、行业峰会等。不同的会议有不同的环节和流程。在很多商务会议及庆典中，主办方会根据需要，播放特定内容和风格的音乐。

1. 发布会

发布会是政府、企事业单位等通过会议形式来宣传、发布新的资讯、政策或产品，通过大规模宣传实现更好的经济效益或者社会效益。根据发布内容，发布会一般可分为新闻发布会、媒体见面会及新产品发布会等。

对于知名企业来说，举办新产品发布会是其发展、维护和协调客户关系的最重要的手段。新产品发布会的形式通常为：由一家或几家企业共同主办，在特定的时间、地点举行一次会议，发布新产品，邀请客户及潜在客户参加，向受邀者展示新产品的优良性能。产品发布会关系到社会大众对新产品的认知和新品上市后的销售，因此，发布会完备顺畅的流程、出彩的细节，会为新产品推出赢得更多关注、争取更大市场。

2. 年会

年会是公司、企业人员的年度集会，通常在年末举办，以总结一年来的工作，并为下一年度的工作奠定基调。此外，作为公司、企业或组织内部一年一度的聚会，年会的作用还包括激发士气、深化内部沟通、强化企业文化建设、促进战略分享、增进目标认同等。

企业年会一般包括年度优秀员工表彰、文艺节目表演、企业历史回顾、企业未来展望等环节。此外，年会还可以体验学习、经验分享、素质拓展及团队建设等形式开展。一些优秀企业和组织还会邀请重要的上下游合作伙伴共同参与其年会，增进交流。

3. 商务庆典

商务庆典是公司、企业的庆祝仪式和活动。庆祝类别主要包括四方面：一是成立周年庆典，通常逢五、逢十及其倍数时进行庆祝；二是荣获某项荣誉，如荣获了某项荣誉称号、产品在国内外重大展评中获奖等；三是取得来之不易的重大业绩，如千日无生产事故、生产某种产品的数量突破某数量、某种产品的销售额达到某个金额等；四是发展过程中取得了显著成绩的庆典，如公司建立新的集团、确定新的合作伙伴、兼并其他单位、开设分公司或连锁店等。

4. 展览会

展览会又称展示会，是企业为展示其成果、优势和业绩，推广产品和技术，集中陈列实物、模型、文字、图表和影像资料供人参观了解的宣传性聚会，是企业宣传形象、扩大影响、吸引客户、促进交易的重要途径。

5. 商务洽谈会

商务洽谈又称商务谈判，是买卖双方为实现交易目标，就交易条件进行协商的活动。商务洽谈是不同经济主体间达成共识、开展合作的重要途径，也是最常见的商务活动。因商务洽谈而组织的会议，即商务洽谈会。

6. 行业峰会

行业峰会是某行业的相关企业和人员，包括业内和相关领域的企业及专家，在同一个时间段内共同讨论多项有关该行业的现状、未来发展等问题。因为会期集中、会议多、参会人员数量大，所以叫行业峰会或高峰会。

三、商务活动中的音频运用

声音作为信息载体，在商务活动中发挥着重要作用。通常，大规模商务会议，如产品发布会、公司年会、庆典、行业峰会、商务宴请等不同场合都会使用不同风格的音乐，而产品发布会、展销会还需使用产品宣传或广告音视频。

音乐作为承载情感与文化的艺术形式，可以使商务活动不再呆板、缺乏温度，并在营造和谐氛围、展示企业文化、激励和感染员工等方面起着重要作用。不同风格的音乐适用于不同主题的会议及会议的不同阶段。商务活动中播放的音乐，应契合商务活动主题、音质清晰、音量适中、格调高雅、不流于媚俗。

1. 不同商务活动场合适用的音乐风格

在产品发布会、行业峰会上适合播放节奏明快、充满朝气的音乐，使观众在感受轻松愉悦的同时，将注意力集中于发言者所讲内容；公司年会和商务庆典使用的音乐由会议主题和环节决定，可喜庆欢快、可慷慨激昂、可雄浑有力，也可细腻感人；对于年会来说，还可准备一些特殊音频素材，如经典舞曲和掌声、笑声、风雨声等特效音乐；商务宴请如需使用音乐，应考虑被宴请对象的具体情况（如国别、年龄层次、文化喜好等）及餐品等因素（是中餐还是西餐、是桌餐还是自助餐）。

2. 商务活动各阶段常用的音乐风格

想一想：
哪些音乐适合做商务会议暖场音乐？

暖场及茶歇音乐：以轻松亲切、舒缓悠扬的音乐为主。

开场音乐：以热情激昂、节奏感强、气势磅礴的音乐为主。

颁奖音乐：以喜庆欢快或气势恢宏的音乐为主。

收场音乐：以感情饱满、励志积极的音乐为主。

四、制作产品广告宣传音视频的注意事项

对于买卖双方而言，产品广告是最快、最广泛的信息传递媒介，能激发和诱导消费，也能扩大产品知名度。通过产品广告，企业或公司能把产品与服务的特性、功能、用途及供应厂家等信息传递给消费者，沟通供需双方的联系，引起消费者的注意与兴趣，促进购买。好的产品广告既能明确表达产品的特性、传递商家的诉求，

又能给消费者美的享受和精神启迪。广告的设计制作，应注意以下几个原则：

一是确保真实。真实性是产品广告的生命、本质和灵魂。广告宣传的内容要真实，应与提供的产品或服务相一致，广告词应符合国家法律法规的规定，不作假、不夸大、无歧义、讲诚信，以客观事实为依据。

二是注重创新。新颖的广告设计有助于塑造鲜明的品牌形象，使该品牌从众多的竞品中脱颖而出，提高其知名度，提升消费者的购物欲望。

三是激发情感。消费者的购买行动受感情因素影响很大。产品广告应注重渲染感情色彩，展示产品给人们带来的美好体验，激发消费者的购买愿望。

四是格调高雅。广告的文案、情节、画面构图、配色、配乐等各项要素都应健康、积极、优美，向观众传递、弘扬正能量。

> **悟一悟：**
>
> 　　除宣传内容外，广告的真实性还体现在：广告所宣传的产品或服务形象应是真实的，与商品的自身特性一致，不能因艺术处理而夸大与歪曲；广告传达的感情是真实的，展现真情实感，以真善美的审美情趣感染受众，不矫揉造作。

软 件 应 用

一、软件介绍

Adobe Audition（以下简称Audition）是一款专业的数字音频编辑软件，原名为Cool Edit（由Syntrillium软件公司开发），被Adobe公司收购后，改名为Adobe Audition。Audition工作流程灵活，使用简便，可以创作出高品质、丰富多样的音效。Audition专为在录播室、广播设备和后期制作设备方面工作的音频和视频专业人员设计，可提供先进的音频混合、编辑、控制和效果处理功能。

Audition可以导入、录制和播放音频文件，转换音频文件格式，对单个音频文件进行剪切、复制、粘贴、合并、调节局部音量等处理，还可实现对音频进行降噪、变速变调、混响等个性化编辑。此外，Audition还可将多个音频文件合并输出成一个文件。

二、界面介绍

Audition的界面主要由菜单栏、功能图标栏、功能面板区、工作区等四部分构成，如图9-1所示，各部分功能如表9-1所示。

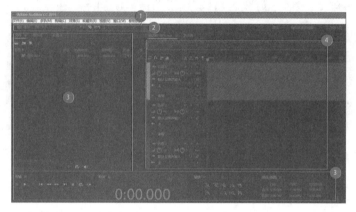

图9-1 Audition界面构成

表9-1 Audition界面各部分的功能

序号	名称	功能
①	菜单栏	用于切换选项组
②	功能图标栏	放置常用的功能图标
③	功能面板区	包括声音面板（用来放置待编辑的声音素材文件）、传输面板、时间面板、缩放面板等，用于辅助音频编辑
④	工作区	在各音频轨道载入音频进行编辑

Audition常用面板如图9-2所示，其作用如表9-2所示。

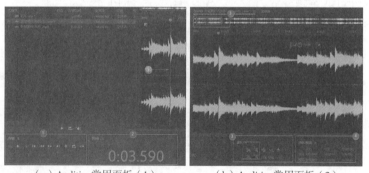

（a）Audition常用面板（1）　　　（b）Audition常用面板（2）

图9-2 Audition常用面板

表9-2　Audition常用面板各部分的作用

序号	名称	作用
①	传输面板	用来预览声音文件和录音。实现声音的播放、暂停和停止，以及快速播放和快速倒放。声音在播放时，音轨上有道移动的红线叫作播放指示器
②	时间面板	显示当前播放时间，精确到毫秒
③	缩放面板	用于声音波形的调整。第一组上下对应的图标按钮用来改变音轨的高度，第二组图标改变波形长度，拉长和压缩波形曲线。也可以通过滑动音轨"编辑器面板"的滑块来调整定位声波文件
④	选区/视图面板	在截取、选中一段音频时，显示精确的开始和结束时间及音频持续时间，便于后续编辑。在音频文件较长、声音轨道未完全显示整条音频的情况下，视图面板的"开始""结束"时间，表示声音显示在当前音轨首尾两点的时间

　　在实际应用中，可能仅需要在几分钟的音频里截取几秒钟，用图标按钮可以把声波拉长，便于精确截取。注意，拉长和压缩波形曲线，只是为了方便编辑而调整相对的波形，不改变音频状态。

三、工具介绍

Audition常用功能图标如图9-3所示，其作用如表9-3所示。

图9-3　Audition常用功能图标

表9-3　Audition常用功能图标的作用

序号	名称	作用
①	波形和多轨	单击波形和多轨，可以根据需要，实现单音轨和多音轨界面的切换。单轨界面用于编辑当前声音

续表

序号	名称	作用
②	移动工具	用鼠标左键单击"移动工具"图标后，再单击音频文件，会将整段声音全部选中，可以拖动声音进行位置调整；此时按键盘Delete键，可将整段声音从音轨中删除
③	时间选择工具	用鼠标左键单击"时间选择工具"图标后，可以选中当前音频文件中的一段声音进行编辑

任 务 操 作

任务导图

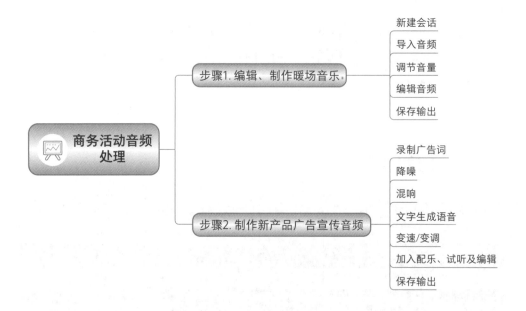

操作步骤

步骤1. 编辑、制作暖场音乐

1.1 新建会话

新建会话界面如图9-4所示。

微课：
Audition基
本界面

图9-4　新建会话界面

① 单击功能图标栏中的"多轨"，或者在文件面板右击"新建"，选择"多轨会话"；

② 弹出"新建多轨会话"对话框，给会话重新命名，设置保存位置，采样率默认48 000，单击"确定"。

 好学殿堂

　　把真实声音转换成数字形式的音频文件，是以波的形式记录的。而每隔一段时间对声音进行一次"取点"，赋予数值，就是"采样"。在一定时间内取的点越多，描述出来的波形就越平滑越精确，这个尺度就被称为"采样精度"。

　　单位时间的采样次数是采样频率。最常用的采样频率是48（kHz）千赫，意思是每秒取样48 000次。这个精度能对声音文件进行较好的记录和还原，低于这个值，音质就会下降。

　　新建Audition项目文件，对音频的默认采样频率是48（kHz）千赫，也可以根据需要，将数值调整得小一些。

1.2 导入音频

导入音频（方式一）如图9-5所示。

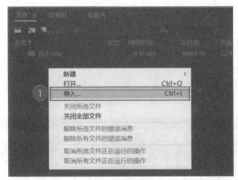

（a）导入音频（方式一）步骤1

（b）导入音频（方式一）步骤2、3

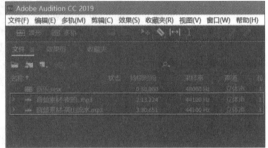

（c）导入音频（方式一）后显示的界面

图9-5　导入音频（方式一）

① 在文件面板空白处右击鼠标，选择"导入"；

② 在弹出窗口中，选择声音文件存取路径、选择目标声音素材文件。可以按Ctrl键或Shift键选择多个文件；

③ 选择完成后，单击"打开"，文件被导入文件面板素材区。

需要编辑哪个文件，就将其拖拽到音轨里，或者双击它进行编辑。

导入音频（方式二）如图9-6所示。

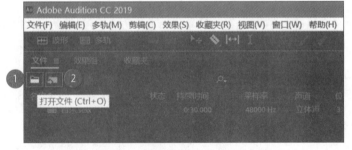

图9-6　导入音频（方式二）

通过左侧面板图标①"打开文件"②"导入文件"导入音频。选择"声音""打开"（同方式一）。

导入音频（方式三）如图9-7所示。

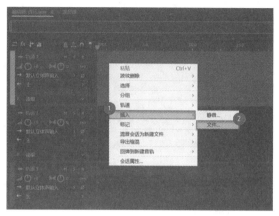

图9-7　导入音频（方式三）

在工作区音轨上右击鼠标，弹出菜单，单击①"插入"、②"文件"，弹出对话框，选择待编辑音频文件（同方式一）。

在文件名称处右击鼠标，选"关闭所选文件"，可以关闭和移除该音频文件。

> Audition可识别mp3、mp4、wav、wma等常见音视频格式，对于aac、flv等格式则不能识别，需先经格式工厂等软件转化为其可识别的音频格式后，方可导入、编辑。

1.3 调节音量

声音淡入操作如图9-8所示。

① 声音的淡入、淡出。音轨中，声波左上角、右上角分别有一个灰色正方形滑块。以左侧淡入滑块为例，用鼠标点击滑块向右拖动，声波波峰变小，即音量变小。

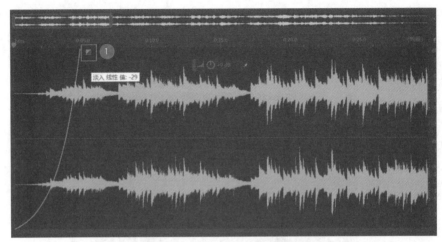

（a）声音淡入操作

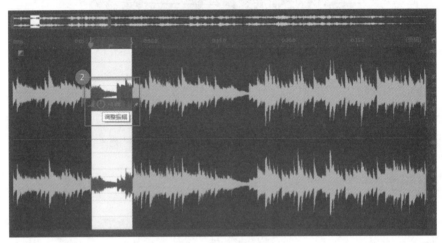

（b）调节局部音量

图9-8 调节音量

 神灯秘籍

　　在拖动淡入滑块时，鼠标向右上方移动，出现一条向上的抛物线；向右下方移动，出现向下的抛物线。执行这两种操作，声音衰减程度不同。后一种操作声音衰减更多，调整后的声音更小。淡出操作也一样，此处不做赘述。

　　② 调节局部音量。拖动鼠标左键选中需要调整的声音区间，出现圆形图标，鼠标向左拖动，所选声音区间音量减小；向右拖动，所选声音区间音量增大。

神灯秘籍

局部声音放大、缩小可以用于处理会议录音、制作会务音乐串烧等情况。

好学殿堂

一段声音区别于其他声音，主要由音调、音色和强度三个要素决定。音调高低由声音的频率和周期决定，频率高、周期短则音调高。不同形状、频率的波形的叠加，使声音的音色迥异。强度即音量大小，它由声波的振幅决定，振幅越大、音量越大。

1.4 编辑音频

编辑音频如图9-9所示。

① 删除局部音频：左击拖动鼠标，选中待删除的声音，在键盘中按Delete键；或右击鼠标，选择"删除"。

② 声音的剪切、复制和粘贴操作如下，单击鼠标，选取要粘贴声音的位置，单击鼠标选"剪切""复制""粘贴"，或者通过键盘Ctrl+X、Ctrl+C、Ctrl+V组合键实现。

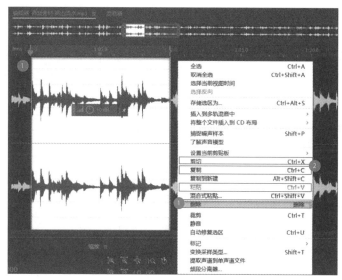

（a）对局部音频进行剪切、复制、粘贴、删除

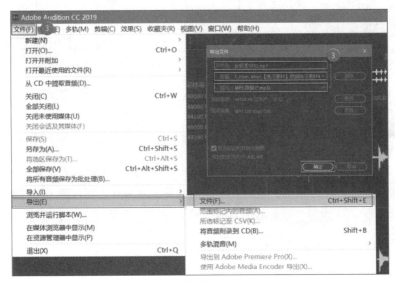

（b）保存输出声音

图9-9　编辑音频

1.5 保存输出

在音频停止播放的状态下，点击菜单栏"文件""导出""文件"，弹出设置页面，如图9-9（b）所示，选择保存位置，选择文件保存类型（如"MP3格式"），修改文件名称，单击"确定"，即在相应目录下生成音频文件。

神灯秘籍

　　在制作暖场音乐时，如选取的音频素材时长过长或不足，可灵活使用删除、剪切、复制、粘贴等功能，制作出符合时长要求的暖场音乐。

步骤2. 制作新产品广告宣传音频

2.1 录制广告词

录制广告词如图9-10所示。

① 确认系统录音设备正常。笔记本电脑一般自带录音话筒，台式电脑通常需要外接话筒。如录音设备正常，在接收到声音时，录音状态条出现绿色矩形，长短随接受音量大小而变化。

② 将声音播放指示器拖动到音轨最前面。

③ 单击音轨前面声音控制台R按钮，Audition即处于准备录音状态。

微课：
多音轨编辑

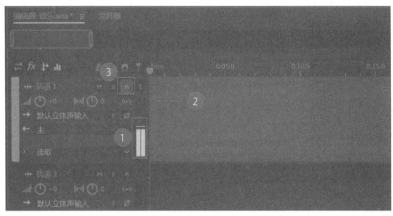

（a）录音准备

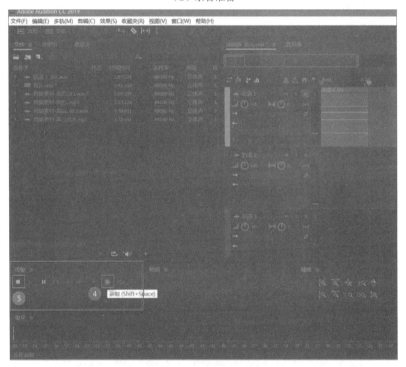

（b）录制声音

图9-10　录制广告词

④ 在传输控制面板单击录音键（红色按钮）后，声音录制开始。对着麦克风朗读广告词。录音音轨的播放指示器随时间变化向右移动。

⑤ 录制完成后，单击传输面板"停止"按钮。

好学殿堂

　　每条音轨前面的声音控制台上都有 M、S、R 三个按钮。在试听多轨音乐时，某轨道的 M 按钮按下，代表当前轨道静音（Mute）；S 按钮按下，代表仅当前轨道发出声音（Solo）、其他轨道静音；R 按钮按下，代表当前轨道准备录音（Record）。

2.2 降噪

降噪处理如图9-11所示。

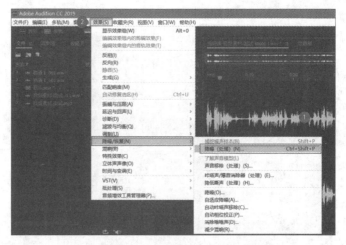

（a）通过"效果"菜单打开降噪效果器

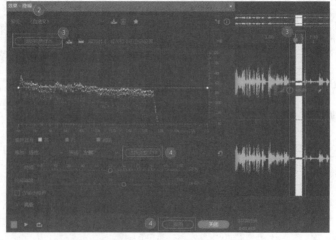

（b）在降噪效果器中识别噪声、进行降噪

图9-11　降噪处理

① 用普通麦克风录音时，难免带有设备底噪和环境噪声，需尽量降低噪声，确保广告宣传音频质量；

② 打开降噪效果器：在单轨模式下，单击"效果"菜单—"降噪/恢复"—"降噪处理"，用效果器来进行降噪；

③ 让系统识别噪声：选中一段不带人声的空白声音部分，点击"捕捉噪声样本"，弹出窗口，系统就捕捉到了噪声；

④ 降低噪声：点"选择完整文件"，选中范围即扩展到了整个文件，单击"应用"，完成降噪。

神灯秘籍

　　背景噪声是影响声音清晰度的直接因素。如果条件允许，尽可能在前期录制时减少噪声，而不是通过后期来补救。不管是人声旁白，还是歌曲和乐器演奏，有轻微的设备底噪，是不影响混音的。

　　Audition 降噪分两个步骤，一是告诉系统什么是噪声；二是在整个音频中把噪声去掉。

2.3 混响

神灯秘籍

　　混响的作用在于对原始的干声增加类似回声、延迟和反射声的效果，使声音变得更美、有朦胧感。在楼道、浴室里唱歌更好听，是因为空旷的密闭环境会产生回声，给干涩普通的人声增加了混响效果。在录制歌曲、产品广告词或配乐朗诵时，通过增加混响效果，可以让人声与背景/伴奏音乐融合得更自然、更和谐。

混响效果操作如图9-12所示。

① 将声音导入，左击鼠标并拖动，选中要做混响的声音区域；

② 在菜单栏选"效果""混响"，选择"室内混响"；

③ 弹出设置窗口，"预设"栏有多种混响方式，选"人声混响（大）"，单击窗口最下方左侧播放按钮，可预览当前混响状态；

④ 通过滑动对应滑块，设置声音衰减时间、延迟时间等参数，实现更加个性化的混响效果；

⑤ 如对混响效果满意，单击右下角的"应用"，声音混响完毕。

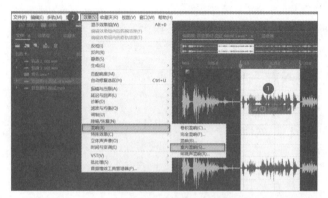

（a）打开"混响"处理界面

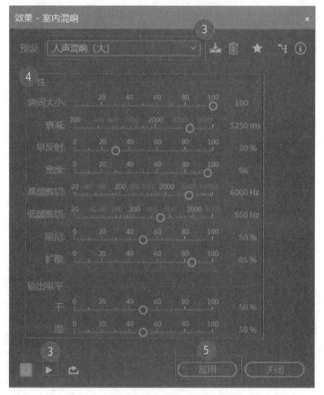

（b）"混响"效果预览、设置及保存

图9-12　混响效果操作

2.4 文字生成语音

如不具备录音条件，可使用文字生成语音这一功能制作广告宣传音频。文字生成语音如图9-13所示。

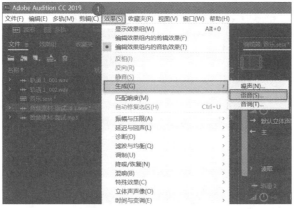

（a）打开"生成语音"对话框

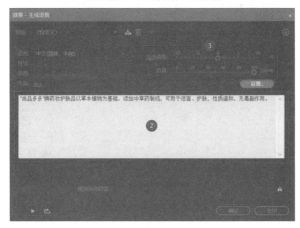

（b）"生成语音"界面操作

图9-13 文字生成语音

① 在菜单栏单击"效果"菜单，选择"生成""语音"，弹出对话框。

② 将广告词内容复制到对话框中间白色部分。

③ 滑动"说话速率""音量"滑块，调整自动生成语音的语速和音量。单击左下角按钮试听，如满意，单击窗口右下角"确定"。广告词经由软件，生成了一个女声版的产品广告词朗读音频。

2.5 变速/变调

如果对于所录制的广告词的语速或声调高低不满意，可以进行调整。变速/变调操作如图9-14所示。

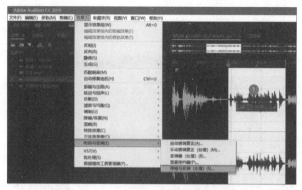

（a）打开变速/变调界面

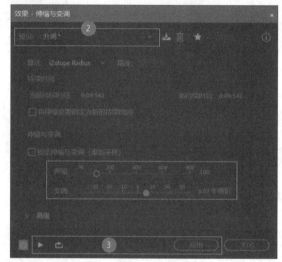

（b）声音的变调与变速设置

图9-14　变速/变调操作

① 选中声音，在"效果"菜单选择"时间与变调""伸缩与变调（处理）"；

② 在"预设"中，选择"升调"，下面的"伸缩"可以调整声音播放时间，让声音快速或慢速播放，此处选择6.07半音阶；

③ 预览声音，如效果满意，单击"应用"。

2.6 加入配乐、试听及编辑

加入配乐、试听及编辑如图9-15所示。

① 将上一步操作中，文字生成的语音放在音轨1中，在音轨2中导入纯音乐。

② 调整两个音轨声音的相对时间（位置），在音乐缓缓响起后，开始产品介绍。将伴奏音乐截取为合适的长度（应比产品广告词的时间长些），进行淡入、淡出处理。

③ 两个音轨音频试听及调整：返回多轨界面，单击播放，试听效果。调整音轨前面的声音控制台"音量"，按住鼠标左键左右拖动，可整体调整该音轨的相对声音，直到两个音轨声音响度相对平衡。

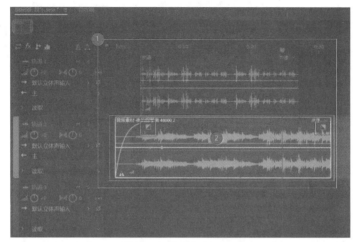

（a）在两个音轨分别导入所需合并音频

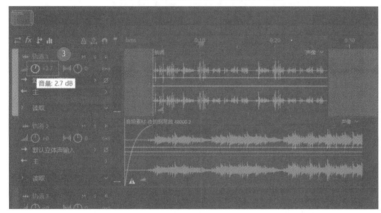

（b）两个音轨音频试听及调整

图9-15　加入配乐、试听及编辑

2.7 保存输出

保存输出界面如图9-16所示。

① 在各段声音都停止播放的状态下，左击菜单栏"文件""导出""多轨混音""整个会话"，弹出对话框；

② 输入文件名、选择保存路径、选择保存类型（如"MP3格式"），单击"确定"，一段配乐广告音频就制作好了。

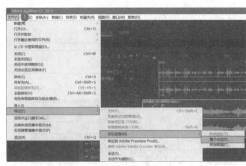

（a）多轨音频保存输出菜单　　　　（b）多轨音频保存设置

图9-16　保存输出操作

　　制作串烧音乐，可将多个音乐导入到不同的音轨中，确保可以错开时间、依次播放，调整好相对音量，然后混缩输出成一个音乐文件；也可以将多段音频拖拽到一个音轨中，调整好相对位置，再导出成一个音乐文件。

知识与技能训练

一、单项选择题

1. 声音以波的形式存在，各种形状、频率波形的叠加，决定了不同声音的（　　　）。

A. 音调　　　　　　　　　　B. 音色

C. 强度　　　　　　　　　　D. 响度

2. Audition降噪分两个步骤，一是告诉系统什么是噪声；二是在整个音频中把噪声去掉。在降噪第一步中，选中（　　　），然后点击"降噪"效果器中的"捕捉噪声样本"按钮，系统就成功识别了噪声。

A. 要处理的整段音频

B. 音频中不带人声的纯噪声的部分

C. 音频中纯人声部分

D. 音频任一部分

3. 处理声音的变速和变调，使用（   ）效果器。

A. 时间与变调　　　　　　　B. 延迟和回声

C. 混响　　　　　　　　　　D. 变调器

4. 以下关于Audition音频编辑的说法，错误的是（   ）。

A. 多轨声音的混缩输出，必须在各段声音都停止播放的状态下进行

B. 对声音进行混响、降噪等操作后，可以在不保存的情况下进行试听

C. 将声音文件导入音轨，有不止一种方法

D. 声音控制台不能实现对所在轨道音量的整体调整

5. 新建多轨会话默认的采样频率是（   ）Hz。

A. 48 000　　　　　　　　　B. 22 050

C. 12 800　　　　　　　　　D. 9 600

二、多项选择题

1. 以下说法正确的是（   ）。

A. 使用缩放面板的功能图标，可以实现声音波形的调整，以便于精确截取较短声音或快速复制较长声音

B. 录制的音频文件，如果有轻微的设备底噪，不影响混音

C. 将声音做混响处理，相当于为原始的干声增加了回声、延迟和反射声的效果

D. 背景噪声不是影响声音清晰度的直接因素

2. 下列属于Audition功能面板的是（   ）。

A. 声音面板　　　　　　　　B. 缩放面板

C. 传输面板　　　　　　　　D. 声音轨道

三、判断题

1. 传输面板主要用来预览声音文件和录音。（   ）

2. Audition的功能面板用来辅助音频编辑。（   ）

3. 将多个文件导入声音面板后，需要编辑哪个文件，可以把它直接拖拽到音轨中。（   ）

4. 混响可以让原始干声变得更好听。（   ）

5. 处理会议录音时，常用到"降噪"和"局部音量放大/缩小"功能。
（　　　）

6. 用Audition对声音进行变调、混响等效果处理时，可以在不保存状态下，实时进行试听。（　　　）

7. 多轨模式下，调整某音轨前声音控制台"音量"按钮，可以实现该轨声音整体音量提高或减小。（　　　）

8. 可以在音频正在播放的状态下进行导出音频操作。（　　　）

9. 缩放面板主要用于声音波形的调整，改变音频的状态。（　　　）

10. Audition常用功能图标中，使用时间选择工具可以在音轨中实现将整段音频全部选中，从而用鼠标拖动调整音频位置。（　　　）

任务十

制作产品宣传视频

┣ 知识目标

⊙ 了解Camtasia Studio的操作界面
⊙ 掌握屏幕录制技术和鼠标特效的添加方法
⊙ 掌握视频剪辑、视觉特效与局部特写展示编辑技术
⊙ 掌握覆叠画面、美化视频效果的参数设置与调节技术

┣ 技能目标

⊙ 能够熟练运用Camtasia Studio录制、编辑屏幕操作视频
⊙ 能运用Camtasia Studio编辑、调整与美化视频文件
⊙ 能运用Camtasia Studio制作带有文字注释的视频

任务导入：职场小白成长记之制作产品宣传视频

扫一扫：
人们经常看到各类精彩的视频，它们是如何制作出来的呢？请跟着小白一起探索吧！

任务介绍

通过 Camtasia Studio 2018 基本功能、录制屏幕视频、媒体导入与剪辑、场景转换特效与局部特写展示、添加图形和文字标注、视频的覆叠与添加水印、视频效果美化和文件输出等视频编辑方法的分步学习，学会基本的视频编辑与美化程序和方法，掌握 Camtasia Studio 视频处理技巧。

面临问题

➢ 网络上有个视频特别好，但是无法下载，怎么办？

➢ 视频中有一段需要删减，如何才能实现呢？

➢ 要把几个视频拼接起来，还要添加文字说明，能否一次实现？

➢ 拍摄的视频要添加人物讲解镜头，如何编辑？

素材介绍

本任务需使用的工作素材为"示例视频"，包含 2 个视频和 2 张 png 格式的图片文件。

商业知识：如何制作产品宣传视频？

随着互联网和信息技术的飞速发展，以网络为核心的移动终端迅速崛起，网络媒体发展势头迅猛，信息的碎片化、即时性、丰富性、便捷性、交互性、多样化表现形式，使得传统的文字性阅读的吸引力越来越低，而短视频结合声音、画面、文字输出，呈现出一种新型的图文迭代形式，信息展示更加直观生动，再加上数码相机、摄像机、手机等电子产品已深入大众生活，在提高人们生活质量的同时，也为人们利用数码视频设备进行视频拍摄制作提供了方便。

一、视频传播的特点与优势

1. 碎片化的传播，易懂易记

视频播放时间短，即时性强，无须在专门的视频播放器下观看，用户观看便捷，符合消费者新媒体时代信息碎片化获取的需求，也契合消费者对碎片化时间的利用方式。

2. 传播速度快，扩散范围广

在互联网不断发展的过程中，移动设备成为视频传播的主流途径，5G时代的到来更给视频传播以无限的潜能。短视频花费的流量相对较小，观看非常方便，因此受到了网民的欢迎，同时，朋友、家人之间的相互分享与推荐，也使短视频的传播速度更快，传播范围更广泛。

3. 制作简单

当前各类手机视频拍摄软件越来越智能化，拍摄编辑视频不再需要专业化的拍摄设备，只要有网络及手机就可以在较短的时间内制作完成一部短视频。很多短视频的拍摄软件都相应地带有滤镜、美颜、装饰、文字等特效功能，有效丰富了短视频的内容及呈现效果，让更多人享受这种随用随拍、立即分享的乐趣。

二、产品宣传视频的制作要求

企业可以充分利用视频传播的特点与优势，将产品宣传推广、品牌策划等素材制作成一部宣传视频，投放到社交媒体，让产品宣传方式更丰富、更快捷。制作产品宣传视频要注意以下几点。

1. 视觉冲击力要强

想要在众多的网络视频中脱颖而出，其视觉冲击力元素就显得尤为重要，它需要在视频播放的一瞬间吸引浏览者的眼球，让浏览者为之心动，然后才能够吸引浏览者去仔细阅读其中的内容。要提高视频的视觉冲击力，就需要在内容设计上下功夫，使文字言简意赅、意味深远。若使用图片，画质优美是前提条件，因此图片质量必须清晰。

2. 视频时间要短，可识别性要强

产品宣传视频既要简短，又要有鲜明的商业特性，将商标、产品类型、产品用途、说明等相关信息具体展现，在浏览者观看时，只有发现自己感兴趣的内容，才能够有的放矢地选择自己所需，增强浏览者对该产品的记忆。如果视频时间过长，在视觉上容易使浏览者产生审美疲劳，也会使浏览者产生厌烦情绪，从而降低视频的宣传价值。

3. 表现形式简明扼要

短视频所承载的内容是有限的，一个简单的广告条、一段简短的文字，甚至一幅鲜明的图片，都是吸引浏览者点击的重要元素。那么，在有限的时间内，其表达方式势必要做到简练、概括，运用有限的设计元素最大化地表达企业所宣传的内容，既在文字和动画上细细推敲，也要在图片上苦心经营。

4. 视频要创意性强，令人印象深刻

生活中创意无处不在，一个好的创意会让人记忆深刻，企业的产品宣传视频要想在海量广告之中脱颖而出，就必须在创意上多下功夫，一段创意无限、妙趣横生的视频，很多年后都会让浏览者铭记于心。

三、产品宣传视频的常用创意手法

1. 对比衬托法

对比衬托法是一种在对立冲突的艺术美中突出主题的表现手法。它把作品中所描绘的事物的性质和特点放在鲜明对照和直接对比中来表现，借彼显此，互比互衬，从对比所呈现的差别中达到集中、简洁、曲折变化的表现。通过这种手法更鲜明地强调或提示产品的性能和特点，给消费者以深刻的视觉感受。

2. 直接展示法

这种手法由于直接将产品推到消费者面前，所以要十分注意画面上产品的组合和展示角度，应着力突出产品的品牌和产品本身更容易打动人心的部分，运用色光和背景进行烘托，使产品置身于一个具有感染力的空间，这样才能增强视频画面的视觉冲击力。这是一种运用十分广泛的表现手法。

3. 突出特征法

突出特征法运用各种方式抓住和强调产品或主题与众不同的特征，并把它鲜明地表现出来，将这些特征置于视频画面的主要视觉部位或加以烘托处理，使观众在接触画面的瞬间很快感受到产品的卖点，达到刺激消费者购买欲望的目的。

4. 以小见大法

以小见大法在产品品牌宣传片创意中对立体形象进行了强调、取舍、浓缩，以独到的想象抓住一点或一个局部加以集中描写或延伸放大，以更充分地表达主题思想。这种艺术处理以一点观全面，以小见大，从不全到全的表现手法，给创作者带来了很大的灵活性和无限的表现力，同时为消费者提供了广阔的想象空间，使消费者产生生动、丰富的联想，并在产生联想过程中引发美感共鸣。

5. 富于幽默法

富于幽默法是指宣传片作品巧妙地展现喜剧性特征，抓住生活中局部的情节，并通过人们的性格、外貌和举止的某些幽默特征表现出来。幽默的表现手法往往运用饶有风趣的情节和巧妙的安排，把某种需要肯定的事物延伸到漫画的程度，营造一种充满情趣、引人发笑又耐人寻味的气氛。

6. 借用比喻法

借用比喻法是指在设计过程中选择两个各不相同而在某些方面又有些相似的事物，以此物喻彼物，比喻的事物与主题没有直接的关系，但是在某一点上与主题的某些特征有相似之处，因此可以借题发挥，进行延伸转化。

7. 以情托物法

艺术有传达感情的作用，"感人心者，莫先于情"这句话已表明了感情因素在艺术创造中的作用，真实而生动地反映这种审美，就能获得以情动人的效果，发挥艺术的感染力。

8. 悬念安排法

悬念安排法在表现手法上布下疑阵，使人对视频画面乍看不解题意，造成一种猜疑和紧张的心理状态，引起消费者的好奇心，引起观众进一步探明视频题意所在的强烈愿望，然后通过标题或正文把视频的主题点明，使悬念得以解除，给人留下难忘的印象。

9. 选择偶像法

在现实生活中，人们心里都有自己崇拜、仰慕或效仿的对象，而且有一种想尽可能向他们靠近，从而获得心理满足的欲望。选择偶像法针对人们的这种心理特点，抓住人们对名人偶像的仰慕心理，选择观众心目中崇拜的偶像，将产品信息传达给观众。

10. 神奇迷幻法

神奇迷幻法以无限丰富的想象构织出神话与童话般的画面，在一种奇幻的情景中再现现实，造成与现实生活的某种距离。这种充满浓郁浪漫主义的写意多于写实的表现手法，以神奇的视觉感受给人一种特殊的感受。在这种表现手法中艺术想象很重要，是艺术的生命。

11. 连续系列法

连续系列法通过连续画面形成完整的视觉形象，使通过画面和文字传达的视频信息更加清晰、突出、有力。视频画面本身有生动、直观的形象，通过多次反复的积累，能加深消费者对产品或服务的印象，获得良好的宣传效果，对扩大销售、刺激消费者的购买欲、增强竞争力有很大的作用。

其实，无论采用什么样的表达方式，其目的就是使浏览者能够记住产品，对产品产生好感，愿意去点击，使产品宣传视频的价值得以实现。

软 件 应 用

一、软件介绍

Camtasia Studio 2018（以下简称为Camtasia）是美国Tech Smith公司出品的屏幕录像和编辑软件套装。该软件提供了强大的录屏、视频剪辑和编辑、视频菜单制作、视频剧场和视频播放等功能，其启动界面如图10-1所示。

图10-1　Camtasia Studio 2018软件启动界面

该软件能在任何颜色模式下轻松地记录屏幕动作，包括影像、音效、鼠标移动的轨迹，解说声音等。另外，它还具有及时播放和编辑压缩的功能，可对视频片段进行剪接，添加转场效果。它输出的文件格式很多，有常用的AVI及GIF格式，以及MP4、WMV、MOV格式，用起来非常方便。

二、界面介绍

Camtasia是一款功能强大的录屏及视频编辑软件，软件界面可以分为八大区域：菜单栏、录制按钮、工具栏、视频工具栏、视频播放区、播放控制区、属性区、时间轴区，如图10-2所示，界面功能如表10-1所示。

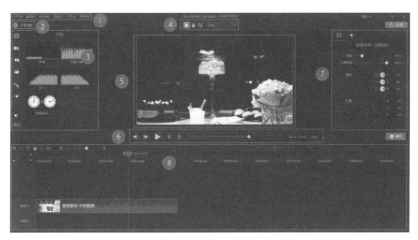

图10-2　Camtasia软件界面

表10-1　Camtasia界面功能表

名称	功能
菜单栏	包括6个菜单：文件、编辑、修改、查看、分享、帮助
录制按钮	单击录制按钮，会弹出录制面板
工具栏	共有11个工具：媒体、注释、转场、行为、动画、光标效果、语音旁白、音频效果、视觉效果、互动、字幕
视频工具栏	包括4个工具：编辑、抓手、剪切、缩放
视频播放区	编辑的视频在此处播放
播放控制区	该区域的按钮功能与一般视频播放器相同
属性区	媒体片段的类型不同，属性也会相应不同。在这里可以对选中的视频进行格式编辑，如位置变化、素材旋转、动画设置等
时间轴区	可以实现对导入素材和录制视频的编辑工作，包括视频片段剪辑，添加转场效果，注释等

三、功能介绍

1. 录制屏幕

Camtasia录像器能在任何颜色模式下轻松地记录屏幕动作，包括光标的运动、菜单的选择、弹出窗口、层叠窗口、打字和其他在屏幕上看得见的所有内容。

Camtasia可以根据需要选择录制的区域。其中，选择固定到应用程序可以锁定窗口。

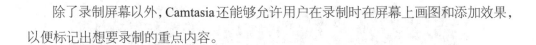

除了录制屏幕以外，Camtasia还能够允许用户在录制时在屏幕上画图和添加效果，以便标记出想要录制的重点内容。

2. 编辑处理音视频

用户可以创建Camtasia工程，以便在以后多次重复修改。

在时间线上，用户可以剪切一段选取、隐藏或显示部分视频、分割视频剪辑、扩展视频的帧以便适应声音、改变剪辑或者帧的持续时间、调整剪辑速度，以便做出快进或者慢放效果、保存当前帧为图像、添加标记，以便生成视频目录。同时，还可以进行声音编辑、语音旁白录制、声音增强，把声音文件另存为MP3文件。

用户也可以为视频添加效果，如创建标题剪辑、自动聚焦、手动添加缩放关键帧、编辑缩放关键帧、添加标注、添加转场效果、添加字幕、快速测验和调查、画中画、添加元数据等。

3. 保存分享音视频

Camtasia支持多种文件格式，包括MP4、WMV（Windows Media视频）、AVI（音频视频交错视频文件）、GIF（动画文件）、M4A（紧音频）等格式，并且具有各种参数设置，方便用户输出最合适的文件。而且在视频选项中，用户可以选择设置视频信息、水印等选项。

任 务 操 作

任务导图

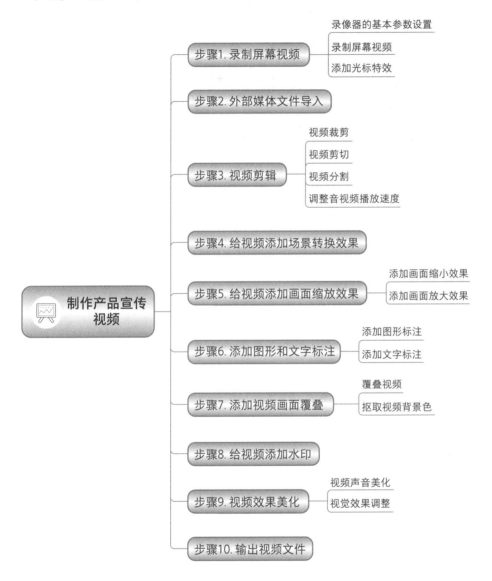

操作步骤

步骤1. 录制屏幕视频

Camtasia有很强的屏幕录制功能，录像器能在任何颜色模式下轻松地记录屏幕动作，包括光标的运动、菜单的选择、弹出窗口、打字和其他在屏幕上看得见的所有内容。

微课：
Camtasia基
本介绍

1.1 录像器的基本参数设置

录像器的基本参数设置步骤如图10-3所示。

图10-3　录像器的基本参数设置步骤

在录制屏幕之前，可以根据实际需求对要生成的视频属性进行预先设置，以便更好地满足需求。

① 单击"编辑"按钮；

② 选择首选项；

③ 在弹出的对话框中单击画布，根据需求选择画布尺寸，一般选择1920像素×1080像素。还可以改变画面的帧率，一般选择30 fps[①]；

④ 其他选项卡可根据需要自行设定，设置好以后单击"确定"。

1.2 录制屏幕视频

录制屏幕视频如图10-4所示。

① 单击"录制"按钮，右下角显示的是录制工具框，编辑界面关闭；

② 左侧设置录制区域，有全屏录制，有自定义区域录制；

③ 摄像头可以选择关闭或打开，当选择打开的时候，可以通过摄像头将操作者录制到视频中，主要应用于某些出镜讲解的场景；

④ 麦克风选项可以选择只录制麦克风声音或者只录制系统的声音，也可以同时录制麦克风和系统声音，还可以根据具体需要进行组合搭配；

⑤ 单击红色录制按钮"rec"，即可进行屏幕录制；

────────────

① fps 的英文全称为 Frames per Second，即每秒传输帧数。

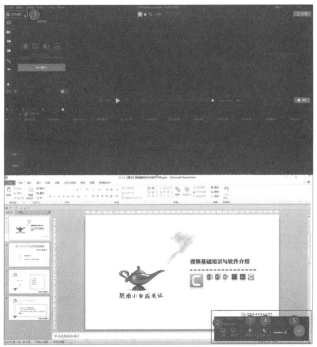

（a）录制屏幕操作步骤

（b）屏幕录制结束自动嵌入Camtasia界面

图10-4　录制屏幕视频

录制完视屏以后，按F10结束录制（如果计算机快捷键无法停止，可手动单击"停止"按钮）。录制的视频自动嵌入Camtasia视频编辑器，以便编辑生成视频。

　神灯秘籍

除了录制屏幕外，Camtasia还能够在录制的同时，执行Ctrl+Shift+D组合键，调出画笔工具在屏幕上绘制标记、添加形状，以便突出显示重点内容。屏幕绘制包含了一系列标注形式，按P键可以改变为画笔。按A键可以

画箭头，按L键画直线，按E键画椭圆，按F键画矩形。还可以改变颜色：
R是红色，Y是黄色，B是蓝色。按ESC键可退出该工具。

1.3 添加光标特效

当录制屏幕视频文件需要强调鼠标操作时，可以给光标添加特殊效果，如彩色的
光晕、点击波纹等效果，还可以区分左右键动作等，帮助观众清晰地看懂鼠标操作。
给录制屏幕媒体添加光标效果操作步骤如图10-5所示。

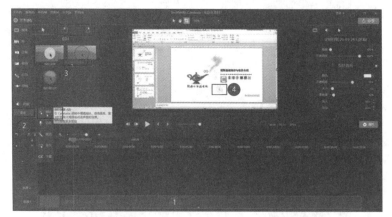

图10-5　给录制屏幕媒体添加光标效果操作步骤

① 在时间轴区，单击选中轨道上的视频素材；

② 单击"更多"—"指针"工具，按需求选择鼠标特效（指针高亮、指针放大，
指针聚光）；

③ 右键单击"指针高亮"特效，用鼠标左键选择"添加到所选媒体"；

④ 视频播放时，鼠标周围就添加上了黄色的光晕。

注：在"指针工具"中，还可以添加左右键单击、双击的动态效果。设置按钮在
"指针"的右侧，添加方法同上。

微课：
媒体导入与
编辑

步骤2. 外部媒体文件导入

除了录制屏幕和对录屏视频进行编辑外，Camtasia还提供了对其他外部影音媒体
文件进行编辑的功能。导入外部影音媒体文件操作步骤如图10-6所示。

① 单击"导入媒体"按钮；

② 按照文件路径找到要导入的媒体文件位置；

③ 双击文件图标，即可将媒体文件导入媒体箱中备用。

图10-6 导入外部影音媒体文件操作步骤

步骤3. 视频剪辑

针对产品宣传的需要,可以对视频素材进行裁剪、裁切、分割、调整播放速度等剪辑操作。

3.1 视频裁剪

裁剪视频文件操作步骤如图10-7所示。

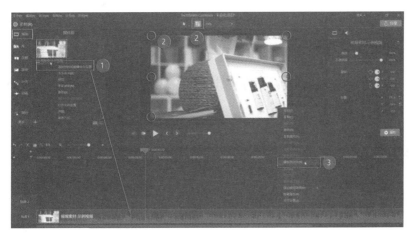

图10-7 裁剪视频文件操作步骤

① 先将视频文件放入时间轴区轨道上。在媒体箱中,右击导入的视频素材,用鼠标左键选择"添加到时间轴播放头位置",素材即被放入轨道中;

② 单击"裁剪工具",在预览窗口,用鼠标左键按住视频画面边缘的控点方格,拖动鼠标进行裁剪;

③ 裁剪完成后,右击视频画面,选择"缩放到适合"选项,使视频画面满屏状态。

 神灯秘籍

　　裁剪视频时，要注意视频比例尽量不变，且兼顾前后，不要影响其他时间段的视频画面。

3.2　视频剪切

剪切视频文件操作步骤如图10-8所示。

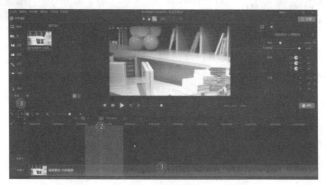

图10-8　剪切视频文件操作步骤

　　① 在时间轴区，单击选中轨道上的视频素材；

　　② 拖动绿色时间帧按钮选择要剪切内容的起点时间刻度，拖动红色时间帧按钮选择要剪切内容的终点时间刻度；

　　③ 确定好要删除的时间节点后，左击"剪切"按钮即可将选中的这一时间段的视频内容删除。

 左右互搏

　　在上述第③步中，可用快捷键：Ctrl+X。

3.3　视频分割

运用分割工具，将媒体文件分割成两个可独立编辑的段落，分割视频文件操作步骤如图10-9所示。

　　① 在时间轴区，左击选中轨道上的视频素材；

　　② 按住"播放头"滑块，将其移动到想要分割视频的时间节点位置；

　　③ 单击"分割"按钮，即可将文件分割成两部分。

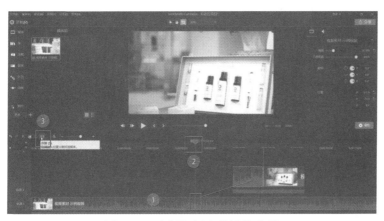

图10-9　分割视频文件操作步骤

 左右互搏

可使用快捷键Ctrl+Shift+S直接在当前位置分割所有素材。

3.4 调整音视频播放速度

通过改变媒体播放时间长度，可实现音视频快速播放或者慢速播放的效果。调整音视频播放速度操作步骤如图10-10所示。

① 在时间轴区，右击选中轨道上的视频素材；

② 在弹出的窗格里，选择"添加剪辑速度"；

③ 将鼠标放置在素材右下角"小钟表"的位置，按住鼠标向左拖动，可以加快播放速度，向右拖动可以减慢播放速度。

图10-10　调整音视频播放速度操作步骤

在调整视频播放速度的处理时，最好将音频先分离出来，以免声音效果变化影响视频效果。

方法如下：单击选中轨道中的素材，右击素材，再用鼠标左键选择"分离音频和视频"，将音频素材和视频素材分别放置在不同轨道上，再对视频轨道进行编辑即可。

步骤4. 给视频添加场景转换效果

添加场景转换可改善视频场景转换时的视觉效果。给视频添加场景转换效果操作步骤如图10-11所示。

图10-11　给视频添加场景转换效果操作步骤

① 在时间轴区，左击选中轨道上的视频素材；

② 单击"转场"工具命令；

③ 选定一个转场效果，在效果上右击，在弹出的对话框中单击选择"添加到所选媒体"，即可将转场效果加入选中媒体的开头位置。

给单个视频添加转场，在拟转场位置先进行素材分割。

步骤5. 给视频添加画面缩放效果

5.1 添加画面缩小效果

给视频添加画面缩放效果操作步骤如图10-12所示。

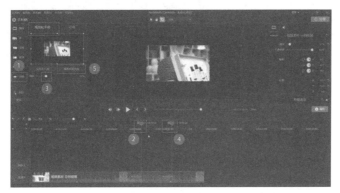

图10-12　给视频添加画面缩放效果操作步骤

① 单击"动画工具"，选择"缩放和平移"选项；

② 移动"播放头"滑块，确定要缩小画面开始的时间位置；

③ 用鼠标按住 "缩放轴"滑块，向左调节，画面就会在这个节点被缩小；

④ 移动"播放头"滑块，确定缩小画面要结束的时间位置；

⑤ 单击"缩放到适合"选项，画面恢复到原始大小。

5.2 添加画面放大效果

方法步骤与5.1基本相同，只是第三步，将鼠标操作改为向右调节滑块。

 神灯秘籍

　　设置缩放时，可以移动和缩小"缩放控制框"，只对视频中某一区域进行缩放。

步骤6. 添加图形和文字标注

6.1 添加图形标注

Camtasia添加图形标注、添加文字标注的功能，可以对图像的某个位置进行标识，使其更加醒目、突出，也可以补充一些商品的信息，让视频易看易懂。给视频添加图形标注操作步骤如图10-13所示。

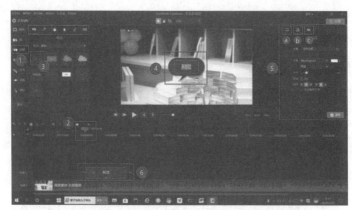

图10-13　给视频添加图形标注操作步骤

① 单击"注释"工具，在注释工具中，有多个注释样式选项，每个选项的下拉菜单中又有多个不同的标注样式，添加方法类似。

② 按住播放头滑块，将其移动到要添加标注的时间节点位置。

③ 右击要添加的标注样式，再单击"添加到时间轴播放位置"。

④ 在视频播放区屏幕上显示"标注"，双击"ABC"可添加文字，用鼠标按住标注，可移动标注到其他位置。

⑤ 标注图形和文字的颜色形状可以通过右侧的属性栏对其进行修改调整。

a. 视觉属性：可修改形态的大小、颜色的透明度、角度和位置，也可以直接用鼠标拖动来实现位置修改；

b. 文本属性：可对标注内部的字体格式进行调整，可修改字体大小、颜色和样式，添加下划线和中划线等；

c. 注释属性：可以修改气泡的形状、颜色和不透明度，增加轮廓线等。

⑥ 注释出现的时间长短，可以在时间轴窗口按住素材左右边缘拖动来实现，向内拖动为缩短时间，向外拖动为增加时间。

6.2 添加文字标注

在视频中添加图形标注，如果对下一层视频有明显遮挡，就可以采用只添加文字的方法进行标注。这样既对画面做了补充，又没有明显的遮挡，也适用于给视频添加字幕。给视频添加文字标注操作步骤如图10-14所示。

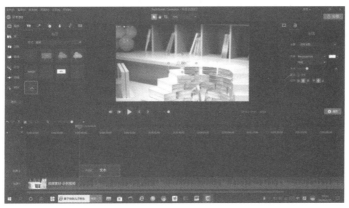

图10-14　给视频添加文字标注操作步骤

单击"注释"工具，在注释工具中，选择左下角的"文本"标注，然后按6.1的
操作步骤就可以完成操作。

好学殿堂

使用字幕可以对视频中的语音进行画面提示。工具栏"字幕"工具中
还有添加字幕的功能。

步骤7. 添加视频画面覆叠

7.1 覆叠视频

在制作视频时，有时需要呈现"画中画"的效果，这就需要用到视频轨道覆叠功
能。给视频添加"画中画"操作步骤如图10-15所示。

图10-15　给视频添加"画中画"操作步骤

① 单击"添加轨道"按钮，根据画面重叠的数量，添加对应数量的轨道数；

② 将播放头移动到需要覆叠视频的时间节点位置；

③ 导入要覆叠的视频素材，方法参考3.1中的步骤，素材可以是视频，也可以是图片；

④ 在媒体箱，右击导入的视频图标，用鼠标左键选择"添加到时间轴播放位置"，将需要覆叠的素材依次拖放到上面的轨道上，在上面的轨道将视频覆叠，在视频中覆叠位置就靠前；

⑤ 调整尺寸和位置，在视频播放窗口，拖动素材边缘的控点方格可改变覆叠图像的大小，用鼠标按住覆叠素材，可拖动到合适的位置；

⑥ 在属性栏中，可调节覆叠视频的视觉属性和音频属性。

7.2 抠取视频背景色

在制作视频时，可去除覆叠视频中的某一单色背景，只留下主体部分。去除视频背景色操作步骤如图10-16所示。

图10-16　去除视频背景色操作步骤

首先要添加覆叠视频到时间轴轨道中，操作步骤方法参考7.1的内容。

① 在时间轴轨道上单击选择需要抠像的素材；

② 单击"更多"，选择"视觉效果"—"删除颜色"按钮，右击"删除颜色"按钮，单击选择"添加到所选媒体"；

③ 在右侧属性对话框中，向下拉右侧控制条调出"删除颜色属性"，并调节各属性的参数：在"颜色"选项，用吸管工具选择要抠取的背景色，用鼠标左键按住"可接受

想一想：

多层视频覆叠该如何操作？

范围"滑块，向右调大（不能调得过大，否则主体色彩可能会受影响），观察视频播放区覆叠视频的状态，让背景色变为透明状态即可，其他属性可根据实际情况适当调整。

 神灯秘籍

拍摄抠像视频应注意的问题：

1. 背景要干净、平整，光线要均匀；

2. 拍摄时，人物与背景不要太近，以免留下重的阴影；

3. 人物不要出现在背景之外。

步骤8. 给视频添加水印

在制作视频时，有时需要标注版权或者注明某些信息，这就需要用视频覆叠功能，把logo或文字固定在视频的某个角落。给视频添加水印操作步骤如图10-17所示。

图10-17　给视频添加水印操作步骤

① 首先将提前设计好的Logo图标添加到"媒体箱"，并将其放入时间轴轨道中（图片水印导入步骤方法参考6.1中的内容；文字水印的添加步骤方法参照6.2中的内容）；

② 在时间轴轨道上左击选择水印素材，按住素材左右边缘向外拖动，将素材的播放时间设置为全视频播放（从头到尾）；

③ 调节Logo图标大小，并将其放到合适的位置。

视频覆叠功能可以实现对原视频中某些内容的遮挡。

步骤9. 视频效果美化

视频录制编辑完成后，在声音、视频效果方面还可以进行一些修饰。视频画面也可以通过调整达到更好的视觉效果。操作步骤如下：

9.1 视频声音美化

声音是视频的重要内容，声音的质量对视频质量有着直接的影响，Camtasia提供了一些优化音质的功能，还可以直接录制旁白并将其作为配音插入媒体文件中。

9.1.1 减少音频噪声

当视频或音频的音质有杂音时，可利用软件自带的降噪功能，对视频声音做美化处理。减少音频噪声操作步骤如图10-18所示。

图10-18 减少音频噪声操作步骤

① 在时间轴轨道上左击选择需要处理的媒体素材；

② 单击"更多"—"音频"按钮，调出音频样式栏；

③ 右击"降噪"，单击选择"添加到所选媒体"，即可完成声音的降噪处理。

根据实际需求，也可采用其他三个选项来调整视频声音的效果，步骤方法同上。

9.1.2 添加配音

添加语音操作步骤如图10-19所示。

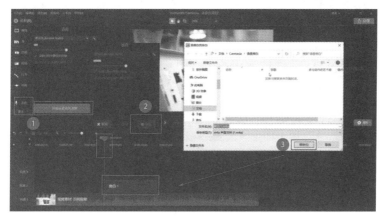

图10-19　添加语音操作步骤

① 单击"更多"—"语音"按钮，调出录音对话框，单击"开始从麦克风录制"启动录音；

② 录音结束后，单击"停止"，弹出"另存为"对话框；

③ 单击"保存"，配音文件会默认保存为MP3格式文件，同时会自动添加到覆叠轨道上；

④ 根据需求，对配音进行编辑，调整好位置和时间即可。

想一想：

配音和音乐如何同时添加？

9.1.3 添加背景音乐

添加背景音乐就是将音乐媒体添加到覆叠轨道上，其步骤方法与视频覆叠相同，参照6.1中的内容，但音频不用调整尺寸大小。

9.2 视觉效果调整

视觉效果调整操作步骤如图10-20所示。

① 在时间轴轨道上左击选择需要调整色彩的素材；

② 单击"更多"，选择"视觉"—"颜色调整"按钮；右击"颜色调整"按钮，用鼠标左键单击选择"添加到所选媒体"；

③ 在右侧属性对话框中，调节亮度、对比度、饱和度等属性参数，参数的值应根据实际情况适当调整。

视觉效果选项中的"着色"选项，可以对视频添加一层单色遮罩，遮罩颜色可自定义设定；"阴影""边框""设备框架"效果适用于在覆叠视频中添加，操作方法同上。

图10-20　视觉效果调整操作步骤

 神灯秘籍

　　调节视频色彩是一项细致的工作，设置属性参数一定要认真细致、科学合理、切合实际，色彩效果虽没有固定的标准，但不要过度渲染。

步骤10. 输出视频文件

输出视频文件操作步骤如图10-21所示。

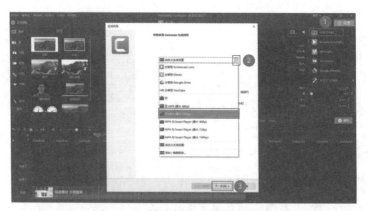

图10-21　输出视频文件操作步骤

① 依次单击右上角的"分享"—"本地文件"，弹出"生成向导"对话框；

② 单击下拉箭头，选择"仅MP4最大（1080p）;

③ 单击"下一步"，选择好存放文件的路径，单击"完成"，等待渲染完成就可以了。

知识与技能训练

一、单项选择题

1. "自定义区域录制"表示（   ）。

A. 自主选择录制区域　　　　B. 定义录制区域

C. 随意录制　　　　　　　　D. 录制不受限制

2. 目前常用的视频尺寸长宽比一般为（   ），高清视频的分辨率可达1 920像素×1 080像素。

A. 4∶1　　　　　　　　　　B. 2∶1

C. 16∶9　　　　　　　　　D. 5∶3

3. 在录屏过程中，使用Ctrl+Shift+D组合键，调出（   ）工具，可以对屏幕操作进行实时标注强调。

A. 编码　　　　　　　　　　B. 屏幕绘制

C. 颜色调整　　　　　　　　D. 强调

4. 想加快或者放慢视频的播放速度，首先选中要改变播放速度的这段视频，单击右键，选择（   ）选项进行调整。

A. 属性　　　　　　　　　　B. 添加剪辑速度

C. 编辑　　　　　　　　　　D. 减慢

5. 可对媒体文件进行分割的快捷键是（   ）。

A. Ctrl+Shift+S　　　　　　B. Shift+T

C. Shift+R　　　　　　　　D. Ctrl+K

二、多项选择题

1. 单击指针工具，可以看到鼠标指针效果有（   ）三个效果工具。

A. 指针聚光　　　　　　　　B. 指针高亮

C. 指针放大　　　　　　　　D. 指针变形

2. 颜色调整选项可以即时对视频进行（   ）。

A. 色彩调整　　　　　　　　B. 大小调整

C. 形状调整　　　　　　　　D. 明亮度调整

3. 使用注释工具加入标注时（   ）。

A. 可添加文字

B. 添加文字颜色、字体可以改变

C. 可以添加注释图形颜色

D. 注释图形颜色可以改变

4. 确定好要删除的时间节点后，（   ）即可将选中的这一时间段的视频内容删除。

A. 用鼠标左键单击"剪切"按钮

B. 执行快捷键：Ctrl+X

C. 双击选中位置

D. 按 Delete 键

5. 添加转场、修改视觉效果等操作可以用以下（   ）方式来实现。

A. 用鼠标左键单击"运行"按钮

B. 选中时间轴媒体后，用鼠标右键单击对应操作功能选项，用鼠标左键选择"添加到所选媒体"

C. 选中时间轴媒体后，双击选中的时间轴媒体位置

D. 用鼠标左键按住对应操作功能选项并将其拖动到时间轴媒体对应位置

三、判断题

1. 在对视频进行速度剪辑操作时，视频原声音播放速度不会变化。（   ）

2. 按 Ctrl+I 组合键可直接打开媒体文件的导入窗口。（   ）

3. 注释工具可以在视频中添加"图形或文字标注"。（   ）

4. 单击"添加轨道"按钮，可以在任意位置添加一个新轨道。（   ）

5. 覆叠轨道素材需要删除背景颜色时，可以通过对删除颜色的可接受范围来进行设置，使背景抠取得更加完美。（   ）

防伪查询说明

用户购书后刮开封底防伪涂层，利用手机微信等软件扫描二维码，会跳转至防伪查询网页，获得所购图书详细信息。用户也可将防伪二维码下的20位密码按从左到右、从上到下的顺序发送短信至106695881280，免费查询所购图书真伪。

反盗版短信举报

编辑短信"JB，图书名称，出版社，购买地点"发送至10669588128

防伪客服电话

（010）58582300

资源服务提示

授课教师如需获得本书配套素材资源、教辅资源，请登录"高等教育出版社产品信息检索系统"（http://xuanshu.hep.com.cn/）搜索本书并下载资源。首次使用本系统的用户，请先注册并进行教师资格认证。

资源服务支持邮箱：songchen@hep.com.cn

高教社高职经管基础、创新创业QQ群：570779413